"家风家教"系列

学

学海无涯苦作舟

水木年华 / 编著

郑州大学出版社

郑州

图书在版编目（CIP）数据

学——学海无涯苦作舟/水木年华编著. —郑州：郑州大学出版社，2019.2
（家风家教）

ISBN 978-7-5645-5920-5

Ⅰ.①学… Ⅱ.①水… Ⅲ.①家庭道德–中国 Ⅳ.①B823.1

中国版本图书馆 CIP 数据核字（2019）第 001361 号

郑州大学出版社出版发行

郑州市大学路 40 号　　　　　　　　　　　邮政编码：450052

出版人：张功员　　　　　　　　　　　　　发行部电话：0371-66658405

全国新华书店经销

河南文华印务有限公司印刷

开本：710mm×1 010mm　　1/16

印张：16.75

字数：273 千字

版次：2019 年 2 月第 1 版　　　　　　　　印次：2019 年 2 月第 1 次印刷

书号：ISBN 978-7-5645-5920-5　　　　　　定价：49.80 元

本书如有印装质量问题，请向本社调换

前言

中国自古以来，即有重学劝学的传统。在历史发展的各个时期，都曾出现过一些人品与学品俱佳的大师。他们的思想，他们的人格，影响了一代又一代华夏学子，造就了中华文化所特有的"重教崇学"传统。可以说，泱泱数千年中华文明，之所以能绵延至今，"重教崇学"功不可没。

在古代，关于学习的意义、方法、目的以及学习的境界，就多有论述。《论语》一开篇就首先讨论"学"，子曰："学而时习之，不亦说乎?"在《论语》中有 66 次谈到"学"，由此即可见孔子对"学"之看重。比如他说："好仁不好学，其蔽也愚; 好知不好学，其蔽也荡; 好信不好学，其蔽也贼; 好直不好学，其蔽也绞; 好勇不好学，其蔽也乱; 好刚不好学，其蔽也狂。"对于他本人，孔子也认为自己"非生而知之者，好古，敏以求之者也"。

在孔子看来，一辈子的进步，特别是人的修养德行没有终点。从学习的方法上讲，一方面孔子看重多闻多见，反对不懂装懂、装腔作势，认为"多闻，择其善者而从之，多见而识之，知之次也""多闻阙疑，慎言其余，则寡尤; 多见阙殆，慎行其余，则寡悔"; 另一方面孔子主张闻见之

外还须兼重思索，因为"学而不思则罔，思而不学则殆"。学习需要"九思"，要举一反三。更富新意的是，孔子竟将"食无求饱，居无求安，敏于事而慎于言，就有道而正焉"的"好学"作为"君子"的一个重要标准。实际上，孔子这种近乎学习本位的思想，对日后中国人"重教崇学"传统的形成具有决定性意义。

社会发展到今天，对国民素质的要求越来越高，特别是在升学、就业、务工、竞选、任职等一系列重大事情上，对知识和素质要求的门槛越来越高。当今世界，科学技术突飞猛进，社会发展日新月异，知识更新节奏加快，本领恐慌处处显现。据统计，改革开放以来，新增加的词汇近万个。显然，在经济全球化、信息现代化的新世纪、新阶段，一个人如果不学新知识就跟不上新形势，思想就要落后蜕化，现实社会中存在的为数不少的科盲、法盲、电脑盲、外语盲"四盲"就是最好的例证。同时，还要认识到不学新知识、不探索，精神就要窒息。在我们前进的征途上，还存在许多未知领域。未知，是一种诱惑，一种智慧的挑战、人格的挑战。只有学习新知，探索未知，才能提高人的现代化素质和能力，成为与时俱进的现代人。

本书从学习出发，全面讲述学习的重要性及其治学方法。每篇文章都配有学习格言，尽可能引用相应的历史典故进行阐述讲解，与读者共同品味。

目录

第 一 章

劝学：以学风带家风

对于今天的我们而言，学习已经成为一种不可忽视的需要。知识经济的增长带动的是整个世界的变化及整个人类步伐的加快。只有掌握了一技之长，成为社会上需要的精英人才，才能为自己创造出幸福的生活，为家庭创造一个良好学风，对树立良好家风有一定的促进作用。

治学：端正学风从我做起

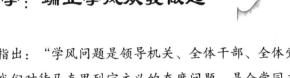

毛主席曾鲜明地指出："学风问题是领导机关、全体干部、全体党员的思想方法问题，是我们对待马克思列宁主义的态度问题，是全党同志的工作态度问题。既然是这样，学风问题就是一个非常重要的问题，就是第一个重要的问题。"我们需要不断加强学习，端正自己的学习态度，才能跟上时代的步伐，才能与时俱进，不被社会所淘汰。

求学：他山之石可攻玉

向别人学习，汲取别人的长处，来弥补自己的不足，这就是最直接、最容易完善自身的方法。一个习惯了解、观察他人的人，会比其他人学到更多的生活经验，为自己的成功赢得更多的机会。所以，在求学中一定要怀揣一颗求学的心。

 勤学：书山有路勤为径

　　寒窗苦读、凌云壮志，在中华五千年的历史长河中有无数的英杰努力学习，不畏艰难，不肯松懈，最终成为于国于家的有用之人。我们要弘扬他们勤学刻苦的精神，活到老学到老。

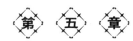

第 五 章

思考：学以治之，思以精之

"好学深思，心知其义"是读书人所力求达到的最高境界。"学问"是由"学"和"问"组合而成的，"学"中有"问"，"问"中有"学"，一"学"一"问"便是"精思"。思则得之，不思则不得之，"于不疑处有疑，方是进矣"。

第 六 章

惜时：一寸光阴一寸金

古人讲，"一寸光阴一寸金"。鲁迅先生说："时间，就像海绵里的水一样，只要你挤，总还是有的。"达尔文说："我从来不认为半小时是微不足道的时间。"也有人说："用分来计算时间的人比用时来计算时间的人时间多59倍。"

持恒：万事从来贵有恒

学习没有捷径，"一日暴之，十日寒之，未有能生者也"。只有"不畏艰险沿着崎岖山路向上攀登的人，才能到达光辉的顶点"。"人贵有志，学贵有恒。"这个道理是千百年来人类在实践中总结出来的，它深刻地阐明了做人最可贵的是有志向，做学问最难得的是持之以恒。

践学：尽信书不如无书

学习是为了运用，不能被运用的知识即使积累得再多也毫无价值可言。因此，我们要会学习还要会实践，要能把学习和实际联系起来。只学习很容易成为不切实际的空想家，而只实践没有成功经验的指导也很容易四处碰壁。所以，学习和实践都是必不可少的。

第九章

 智学：工欲成事必有利器

英国生物学家达尔文说："最有价值的知识是关于方法的知识。"方法和努力是一艘船的双桨，好的学习方法对学习结果是非常重要的，只有找到适合自己的学习方法，再努力一些，学习效果才能显现出来。

第十章

教化：金秋硕果满园香

教学，顾名思义就是"教"与"学"，分为两部分，指教师传授给学生知识、技能，学生如何学习。教育对学生的成长很重要，无论教师还是学生、家长，都应当重视教学，摆脱现在的应试教育，从前人的教学中吸取一定的经验，为今天的教育做贡献。

第一章

劝学：以学风带家风

对于今天的我们而言，学习已经成为一种不可忽视的需要。知识经济的增长带动的是整个世界的变化及整个人类步伐的加快。只有掌握了一技之长，成为社会上需要的精英人才，才能为自己创造出幸福的生活，为家庭创造一个良好学风，对树立良好家风有一定的促进作用。

人不学，不知道

【原文】

玉不琢，不成器；人不学，不知道。

——《礼记》

【译文】

玉不打磨雕刻，不会成为精美的器物；人若是不学习，就不会懂得道理，就不能成才。

书 香 传 世

我们每个人都赤裸裸地来到这个世界上，都曾经历过同样的岁月。可是，当生命的旅程终止之时，每个人的收获却大不一样。有的人一辈子过着浑浑噩噩的日子，空手而来，最后又空着手回到那遥远的地方；有些人则过着多彩多姿的日子，虽然空手而来，却能满载而归。同样的生命，为什么会有不同的结果？那是因为有的人能利其生命中有限的日子，努力学习各种知识，充实了原本空无所有的形体，而有些人则不是。

学与不学的差距是十分明显的。在科学技术不发达的农业社会，一个人不读书学习，尚能凭自己的生活经验跟上社会生活的步伐；但是在现代社会，没有一定的科学素养，不要说创造社会财富，就连日常生活都难以为继。过去，我们把不识字的人称为"文盲"，可如今联合国教科文组织对文盲标准又进行了"刷新"，把文盲分成三类：第一类，不能读书识字的人，这是传统意义上的老文盲；第二类，不能识别现代社会符号的人；第三类，不能使用计算机进行学习、交流和管理的人。后两类被认为是功能型文盲，他们虽然受过教育，但在现代科技常识方面，却往往如文盲般匮乏，我们称之为"科盲",把他们归到"文盲"之列实不为过。

　　人类知识的积累是一个推陈出新的过程，知识也有一个"保鲜期"的问题，过了"保鲜期"的知识可能一钱不值！而在我们这个日新月异、知识爆炸的年代，不断地吸收新的知识的重要性显而易见！要使自己不成为"科盲"，唯一的办法就是学习，不断地更新知识、培养新技能，否则，在不识字的文盲将会越来越少的同时，现代"科盲"便会迅速增加！

家 风 故 事

顾炎武勤勉好学

　　顾炎武出身于书香门第，从小就跟从祖父、母亲学习。他博闻强记、聪颖好学。在他很小的时候，母亲讲《大学》，就能聚精会神地听，还不时提出问题，他母亲为儿子这种好学的劲头感到欣慰！七岁时，他跟随先生学《四书》，九岁时开始学习难懂的《周易》，十一岁时读《资治通鉴》，十四岁进县学堂读《尚书》《诗经》《春秋》等。这期间祖父给他讲孙子、吴子的军事著作，他还自学了《左传》《国语》《战国策》《史记》等书，他读起书来不分白天黑夜，读的书越多，收益越大。凡读过的书他都能牢牢地记住，这与他多年养成的良好的读书习惯有关——每年他都要用三个月的时间复习读过的书，加深记忆和理解，其他时间都要读很多没有读过的书。良好的读书习惯使他终身受益，为他今后的发展打下了坚实的基础。

　　顾炎武还从小养成了做事认真的好习惯，这为他今后做学问和对待事业的态度奠定了根基。顾炎武做学问兢兢业业，到了晚年还是如此。当他周游祖国各地的时候，还不忘用两匹马、两匹骡子驮着自己写的书，每走到一个要塞、关口、河道、关隘，都要了解有关历史，并认真做记录，同时还做仔细的考证。如果他听说的或考证的，与过去自己所写的书中记载的不相符，他就会把书中的错误更正过来，避免这样的错误影响后代。顾炎武的学问在当时已经非常了不起，无人不佩服，无人不称颂，但他还是从不放松对自己的要求。他所著的《音学五书》，一共写了三十多年，先后改了五次稿，并亲自抄了五遍。他还时刻把书带在身边，反复斟酌，仔细推敲，临印刷时，他还要认真阅读，直到自己满意了才拿去印刷。他写的《日知录》非常有名，到了1670年已经刻了八卷。可在以后的六七年间，他到各地去考察，随着知识的不断积累，发现自己写过的书不少地方都见解不当，资料不全。他深感内疚，便对书进行了改编，增加了许多新的内容和新的见解，由原来的八卷改写成了二十多卷。

虽然顾炎武当时的地位之高、学问之大为世人所推崇，但只要是学问上的问题，无论是谁给他指出来，他都会虚心接受。一次，他在信中对朋友语重心长地说："读书不多的人，轻易写书，一定会毁了读者，像我的《跋广韵》那篇文章便是例子。现在把它作废，我要再写一篇送给你看，也使自己记住这个过失。我平生所写的书，类似这样的一定还有很多，凡是存在朋友家的旧作，可以一字不存。我想自己精力还很旺盛，不一定就会马上死去，再过些年，总可以写出几本好书来。"

顾炎武所处的时代，正值明朝衰败时期，清兵大举渡江后，兵败、国亡、丧母，一个个沉重的打击令顾炎武的心情十分不好，但并没有让他放弃读书和研究学问。在抗清的同时，他坚持每天读书、抄书。他读书的时候注意力非常集中，边读边思考，抄起书来也是十分认真，蝇头小楷苍劲有力、整整齐齐。他惜时如金、勤勉好学，最厌恶的是与朋友一起吃喝，无聊闲谈。凡是有这样的宴请，他都找借口推辞；实在推不掉，即使去了，兴致也不高，总是眉头紧皱，一言不发，弄得主人十分尴尬。离开后，他总是叹惜自己浪费了时间。他的朋友知道他的脾气后，一般有这样的事情也就不再请他了，但如遇谈诗论书时，总会邀请他参加。每逢这时，他的兴致也是最高的。顾炎武一生都对自己要求很严，对学问的追求一丝不苟。只要有人能给他提出学问上的问题，无论地位高低，他都会虚心接受。他孜孜不倦、持之以恒，最终获得了巨大的成功。朋友们，我们从这个故事中知道：在成功的道路上，需要的是毅力、追求和恒心。

立身百行，以学为基

【原文】

立身百行，以学为基。

——《劝忍百篇》

【译文】

在安身立命的诸多本事中，学习是最为根本的。

书香传世

"立身百行，以学为基"是元代著名学者许名奎的语句。他博学多才，注重修身养性，其一生的所作所为，可以用一个"忍"字概括。他把古代史籍中有关"忍"的格言、要训和历史典故收集成册，共一百条，名为《劝忍百篇》，"立身百行，以学为基"就是其中的一句，属修身养性之精品，用今天的话来讲，就是"学习是人生的第一需要"。

一个没有文化的民族是愚昧的民族，而一个愚昧的民族是不能自立于世界民族之林的。同样，一个没有知识的人，必将是一个盲目的人。文凭代表过去，能力代表现在，学习代表未来。我们应该清楚地意识到：人与人之间的竞争归根结底是综合能力的竞争，而国与国之间的竞争实际上是全民素质的较量。我们要"以学为基"，提高自身素质。也正是这个时代，为我们施展聪明才智、实现报国之心提供了良好的条件和广阔的舞台，我们也只有刻苦学习，把自己的理想抱负融入刻苦钻研、攀登科学高峰之中，把个人奋斗融会到振兴中华的伟大事业中去，才能彰显人生的价值和意义。

第一章 劝学：以学风带家风

家 风 故 事

侯瑾燃薪夜读

东汉时期的侯瑾是个知名人物，他写的《皇德传》为世人所推崇，人们都称他为"侯君"。

侯瑾从小刻苦好学，只要有书读，他什么困难都能克服。不幸的是，在侯瑾幼年的时候，他的父母就先后去世了，只留下他孤单单一个人，无依无靠，被家族中的一位长者收养。由于长者家中人口多，生活也不富裕，大家都不欢迎他，认为家中又多了一个吃饭的，因此对他总是冷嘲热讽，他做事稍有不慎，便会遭到家人的白眼和谩骂。吃饭时，他得等别人吃完了才能吃，饭多了就有他的，饭少了，他只能眼睁睁地看别人吃。他每天饥一顿、饱一顿，生活十分困苦。一天，他看到兄弟姐妹都吃完饭了，便慢慢走过去，拿起筷子刚要吃饭，一个堂弟走过来叫道："我还没吃哪，哪儿有你吃饭的份儿，去！去！去！"侯瑾顿时面红耳赤，悄悄地躲到一边一句话也不说。这还不说，家中要是谁在外边受了气，都拿他当出气筒，轻则骂他，重则对他拳打脚踢，他忍受着世人难以忍受的不平。

逆境造就了他顽强的性格，点燃了他不屈的奋斗意志，也磨炼了他吃苦耐劳的精神。他没有怨自己的出生环境，更没有怨自己生不逢时，他总以宽大的心包容一切。在他看来，他所受的苦都算不了什么，只要有书读，无论让他做什么，受什么样的气，过怎样的苦日子，他都能承受。为了使自己获得更多的知识，侯瑾白天帮人家打柴、卖东西、当苦力、背粮食、扛麻包，只要能挣钱，什么活都干，他舍不得给自己买吃的、用的、穿的，把挣的钱全部拿来买书和笔墨纸砚。每当他拿着这些买来的书本文具时，就像拿着宝贝一样，爱不释手，眼里放射出快乐的光芒。为使自己的学习每天都有收获，他给自己规定了严格的作息时间，什么时间读书，什么时间练字，什么时间起床，什么时间睡觉，一天内要读几篇文章，背几篇古文，习几篇字，一一做了详细的安排。有时因家中活多，一干就是一天，挤掉了他学习的时间，他第二天就会千方百计地补上落下的功课。

一年寒冬，北风呼啸，侯瑾蹲在柴火旁读书，突然一阵狂风把门吹开，火熄灭了，屋子黑洞洞的，什么也看不见，这可急坏了他。风猛烈地刮着，柴火怎么也点不着，没有光怎么看书写字呀？他急得团团转，怎么也想不出好办法来，只好硬着头皮躺下了。他虽然睡在床上，但心里一直想着读书的事，辗转反侧，一夜未眠。第二天，天刚蒙蒙亮，他急忙穿好衣服，顾不上洗漱，拿起昨天没有看完的书看了起来，随后又拿起笔把昨天没有练的字补上，直到把昨天的功课补完，才安心地去做别的事。

　　多少年的勤学苦练，多少个风风雨雨的夜晚，侯瑾始终坚持不懈地学习。长久的努力为他打下了坚实的基础，博览群书使他明白了许多做人的道理。由于他品德高尚、才华横溢，很快名扬四方，许多学者纷纷慕名而来，与他探讨学问、研讨问题。他的地位高了，家人对他的态度也与以前大有不同，以前对他不好的亲戚，生怕他会报复他们，就托人向他赔礼道歉。他听后，笑笑说："过去都小，不懂事，我也有做得不对的地方，过去的事就让它过去吧！现在大家只要教育自己的孩子好好做人、专心读书就行了。"亲戚们听了他的话，都惭愧地低下了头，为他宽广的胸怀所感动。

　　侯瑾不但为人坦诚高尚，诗赋也写得非常好，求他题字赋诗的人络绎不绝。因为他人品正、学问高，一些州、郡官吏来聘他去做幕僚，但都被他拒绝了。他潜心于学问，对仕途毫无兴趣，为表明自己的志向，他满怀激情地写了一篇文章《矫世论》，对当时那种虚伪世俗的社会风气进行了讥讽。后来，侯瑾毅然离开了市侩之地，来到偏僻的乡下，过起了隐居生活。他一边劳动，一边著书立说，直到去世，他先后写了三十篇《皇德传》，文章数十篇，受到后人的大力追捧。

第一章 劝学：以学风带家风

人不读书，其犹夜行

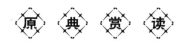

【原文】

人不读书，其犹夜行。

——《酉阳杂俎》

【译文】

人不读书，就像在夜间走路一样容易迷失方向。

书香传世

人不能不读书。书是智慧的源泉，朱熹说，"问渠哪得清如许，为有源头活水来"，这"活水"就来源于读书。曾经有一位著名的历史学家说，如果有人要我当最伟大的国王，一辈子住在宫殿里，有花园、佳肴、美酒、大马车、华丽的衣服和上百的仆人，条件是不允许我读书，那么我绝不当国王。我宁愿做一个穷人，住在藏书很多的阁楼里，也不愿意当一个不能读书的国王。可见，对一个有思想、有追求的人来说，他可以没有金钱和权力，但是不能愚昧无知地苟且一生。

读书是无止境的。宋代的大文豪苏轼年轻时自以为已无书不读，没有他不知道的道理，便书一联："识遍天下字，读尽人间书。"后经一老翁批评指正，他才恍然大悟自己欠缺得还很多，于是改成："发奋识遍天下字，立志读尽人间书。""发奋"也好，"立志"也罢，实际上，无论是谁，即使穷尽一生也不能读遍人间书，识尽天下理。苏轼尚且如此，更何况我们这些普通人了。

无论是意气风发的青年还是须发斑白的老者，都应该坚持不懈地读书，从书中汲取智慧和营养。读书不仅能够陶冶情操，也能让人获得无穷趣味、怡然自得，岂不快哉！在如今这个信息量庞大的时代，青少年不能沉溺于网络言情和玄幻小说，应该多读书、读好书，借着这个人类进步的阶梯将自己送到成功充实的辉煌中去！

家风故事

博览群书的冰心

冰心，原名谢婉莹，原籍福建长乐，生于福州，现代著名女作家。1926前曾相继在燕京大学、清华大学女子文理学院任教。新中国成立后曾历任中国作协理事、全国政协常务委员等职。

冰心从小天资聪颖，才思敏捷。她的父亲谢藻璋是一位富有正义感的海军军官，经常给女儿讲中国跟外国侵略者打仗的故事。冰心总是用心地听着，从而受到了良好的爱国主义教育。冰心的母亲有很高的文学修养，冰心四岁起母亲就开始教她识字。她把字、词做成卡片，冰心认得非常快。由于家里事务繁杂，母亲忙不过来，从七岁起她就把教育女儿的重担交给了弟弟杨子敬。冰心的舅舅杨子敬是父亲的文书，又是同盟会会员，有激进的革命思想，他成了冰心的启蒙老师。

冰心七岁开始读小说，读的第一本书就是舅舅给她讲过但没讲完的《三国演义》。由于识字有限，开始的时候她只能挑选认字多的部分看。看着看着，光看一些片段不能满足她了，于是，她又从头读起。要说读，其实只不过是"囫囵吞枣"。到底还是她聪慧，凡是遇到的生字，全靠猜测，实在不明白，便上下连串着念下去，念的次数多了，也就认得了。就这样，她读书的兴趣有增无减，一本接一本，一发不可收拾地读了下去。到八岁时，她居然读完了《说部丛书》《水浒传》《西游记》《聊斋志异》《说岳全传》《天雨花》《东周列国志》《儿女英雄传》《镜花缘》《再生缘》等。冰心如饥似渴地学习，博览群书，涉猎广泛。她趁大人不注意时，还偷读了舅舅给父亲寄来的一些"禁书"，也就是宣传反封建革命思想的进步书籍和一些外国小说，从小便吸收了丰富的文学知识，为日后的文学创作打下了基础。

第一章 劝学：以学风带家风

冰心对中国古典文学的瑰宝——唐诗有浓厚的学习兴趣，很多好诗她从小就会背诵。父母和舅舅都有文化，往来亲友中也多有文人雅士，他们在家中作诗吟诵、答对题联更是常事。冰心家的每间房子里都有精彩的墨迹，这对冰心很有启迪。许多好的对联她都能背下来，而且还常跟大人学着答对题联，有时构思奇巧清丽。

有一次，学校老师口出上联，要求学生必须用诗词对答下联。当老师刚念出"鸡唱晓"时，冰心张口便接上了"鸟鸣春"的妙联。顿时，老师和同学们对她交口赞叹，惊讶不已。因为"鸟鸣春"出自韩愈众多诗作中的一首《送孟东野序》。这首诗本是许多人不曾注意的一首小诗，但小冰心却牢牢记住了其中"以鸟鸣春，以雷鸣夏，以虫鸣秋，以风鸣冬"的佳句，可见，冰心读书认真、细致，领悟能力极强。

活到老学到老

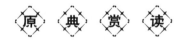

【原文】

学而不已，阖棺乃止。

——韩婴《韩诗外传》

【译文】

学习没有止境，到进入棺材那一刻才是终止。

书香传世

我国古人很早就认识到，知识是广博的，人们的学习永无止境，一辈子都要坚持不懈地学习。活到老，学到老，只要我们在世一天，就要学习一天。

当今，科学技术飞速发展。据美国国家研究委员会调查，半数的劳工技能在五年内就会变得一无所用。特别是在计算机运用方面，毕业十年后，大学所学知识还能派上用场的不足四分之一。我们只有以更大的热情，如饥似渴地学习、学习、再学习，才能使自己丰富起来，才能不断地提高自己的整体素质，以便更好地投入到工作和事业中去。

许多人认为"学习是很辛苦的"，曾荣获"联合国和平奖"的日本著名社会活动家和国际创价学会会长池田大作却提出了享受"学习的喜悦"的观点。池田大作指出，人能否体会到"学习的喜悦"，其人生的深度、广度，会有天壤之别。

终身学习在过去似乎更是一种人生的修养，而在今日，它成了人生存的基本手段。特别是近年来，新技术、新产品和新服务项目层出不穷，社会对就业能力的要求随着技术进步的加速也在不断变化着，标准的提高，使得技术发展的要求与人们实际工作能力之间出现了差距，由此产生了一种相当普遍的社会现象：一方面失业在增加，另一方面又有许多工作岗位找不到合适的就业者；一方面争抢人才的大战异常激烈，另一方面又有大批在岗者被迫离开岗位。伴随着知识经济的来临，企业对劳动力不再只是数量需求，更重要的是对其质量有了新的标准和需求。强化知识更新，树立"终身受教育"的观念已成为时代的召唤。

学习是贯穿一生的活动，从幼年、少年、青年、中年直至老年，学习将伴随人的整个生活历程并影响人一生的发展。古人说："书山有路勤为径，学海无涯苦作舟。"没有止境地学习，是每一个有进取心的人所必需的。人要想不断地进步，就得活到老，学到老。

现代生活的快节奏，让知识更新的速度日益加快，人们要想不被时代甩在后面，就要适应它，跟上它，而想要做到这些就要不停地学习，就必须努力做到活到老、学到老，要有终身学习的态度。世间有"知足者常乐"一说，但一切事物都有其存在的环境，知足常乐的道理也是如此。在物质生活上，知足者常乐，而在学习上，不能知足就裹足不前。

只有不断学习，才能适应未来社会的快速变化，才能避免被社会所淘汰。所以，我们每个人都应该树立终身学习的全新理念，并做到在学习中工作，在工作中学习，真正实现自我完善、自我超越。

第一章 劝学：以学风带家风

家 风 故 事

人不可一日不读书

宋太祖赵匡胤和宋太宗赵光义都是武将出身，他们深知不能马上治天下的道理，所以极为重视读书。他们以身作则，经常翻阅各种书籍，尤其喜欢读史书，从中了解历朝历代的兴衰更替。

宋朝初年，宋太宗赵光义命文臣李防等人编写了一部规模宏大的分类百科全书——《太平总类》。这部书收集摘录了一千六百多种古籍的重要内容，分类归成五十五门，全书共一千卷，是一部很有价值的参考书。

对于这样一部巨著，宋太宗规定自己每天至少要看两三卷，一年内全部看完，遂更名为《太平御览》。当宋太宗下定决心花精力翻阅这部巨著时，曾有人觉得皇帝每天要处理那么多国家大事，还要去读这样一部大书，太辛苦了，就劝告他少看些，也不一定每天都得看，以免过度劳累。可是，宋太宗却回答说："我很喜欢读书，从书中常常能得到乐趣，多看些书，总会有益处，况且我并不觉得看书劳累。"于是，他仍然坚持每天阅读三卷书，有时因国事忙耽搁了，他也要抽空补上，并常对左右的人说："只要打开书本，总会有好处的。"

宋太宗由于每天阅读三卷《太平御览》，学问十分渊博，处理国家大事也十分得心应手。当时的大臣们见皇帝如此勤奋读书，也纷纷效仿，所以当时读书的风气很盛。后来，"开卷有益"便成了成语，形容只要打开书本读书，总有益处，常用来勉励人们勤奋好学，多读书。

书是人类智慧的结晶，书是历史经验的总结，书是社会生活的反映。读书，可以领悟人生意义；读书，可以洞晓世事沧桑；读书，可以广济天下民众；读书，可以深入科技殿堂。难怪古人说："人可一日不食肉，不可一日不读书。"

努力学习科学知识

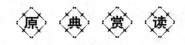

【原文】

　　吾家巫觋祷请，绝于言议；符书章醮，亦无祈焉。并汝曹所见也，勿为妖妄之费。

　　　　　　　　　　　　　　　　　　　　——《颜氏家训》

【译文】

　　我们家里从来不讲巫婆或道僧祈祷神鬼之事，也没有用符书设道场去祈求之举。这都是你们所看见的，切莫把钱花费在这些巫妖虚妄的事情上。

书 香 传 世

　　科学可以让我们走得更远，迷信只会让我们驻足不前。迷信，本来是指人们对事物盲目信仰或崇拜，如迷信书本、迷信金钱、迷信人等。迷信是由于没有辨别能力，对事物本质分辨不清，而对某些事物发生特殊的爱好，并确实相信，进而自相信至信仰，甚至到崇奉、毫不怀疑的地步。

　　应以崇尚科学为荣，以愚昧无知为耻。科学，包括自然科学和社会科学，包括科学知识和科学技术，是人类对自然和社会发展规律的认识与把握，是推动人类历史进步的杠杆和基石。总结世界发展的历史经验，我们就更加深刻地认识到，科学文化对一个民族生存和发展的极端重要性。科学技术是第一生产力，科学思想是重要的精神力量。民族要自立，国家要强盛，必须大力倡导崇尚科学、反对愚昧的精神，大力提高自身科学文化素质。

　　科学的发展推动了人类社会的进步。我们坚信：只有科学才能把我们引向更美好的明天。让迷信远离我们！

第一章　劝学：以学风带家风

家 风 故 事

西门豹的故事

西门豹是公元前 5 世纪人，因为很有才能，被魏文侯派往邺地（今河北省临漳县西，河南省安阳市北）做县令。西门豹一上任，就召见了当地一些名声好的老人，问他们老百姓对什么事情感到最痛苦。老人们告诉他，最苦的就是每年给河神娶媳妇，由于这个缘故，整个邺地都被闹得很穷。

原来，邺地挨着漳河，当地民间有个传说，漳河里住着河神，如果不给河神娶媳妇，漳河就会发大水，淹死全城的百姓。所以很久以来，官府和巫婆们都很热心地操办这件事，并借此征收额外的捐税，以便他们私分。

老人们告诉西门豹，每年到了一定时候，就有一个老巫婆出来巡查，见到穷苦人家的女孩子模样长得漂亮一些的，就说"这个应该给河神做夫人"，然后由官府出面，强行把女孩子带走，要她单独居住，给她缝制崭新的衣服，给她吃好吃的食物。十多天后，河神娶媳妇的日子到了，众人就把女孩子打扮起来，把一张席子当作床，叫她坐在上面，然后抬着席子放在河里。起初女孩还浮在水面上，渐渐地席子跟人就沉到水底去了，巫婆们便举行仪式，表示河神已经娶到了满意的媳妇。西门豹听后并没有说什么，老人们也没有对这位新来的县令抱多大的希望。

又到了给河神娶亲的日子。西门豹得到消息后，带上士兵，早早就到河边等候。没多久，城里有权势的富人们、官府里的衙役及被选中的女孩都到了，随同的老巫婆看样子有七十多岁。

西门豹说："把河神的老婆带过来，看看她漂亮不漂亮。"有人把女孩带过来，站在西门豹面前。西门豹看了一眼，就回头对众人说："这个女孩不漂亮，不够资格做河神的老婆，可是河神今天一定在等着迎亲，就请大婆走一趟，到河里通知河神，等到另外找一个漂亮的女子，再送来。"说着，还没等众人明白是怎么回事，他就命令士兵抬起巫婆，抛进河里去了。隔了一会儿，西门豹说："巫婆怎么走了这么长时间还没有回话？叫个徒弟去催催她。"于是又命令士兵把巫婆的一个徒弟扔进河里，这样前前后后，扔了三个徒弟到河里。

河边站着的富人们、官府里的衙役和围观的人都惊呆了，再看西门豹，却是毕恭毕敬，一副虔诚的样子，像是专心等待河神的回话。又过了一会儿，西门豹说："看来河神太好客了，留住了这些使者不让他们回来，还是再去一个人催催吧。"说完，他向那些操办这件事的地方富绅和官吏看去，这些人从惊吓中回过神来，全都跪在地上求饶，生怕西门豹把自己也扔下河去见河神。

西门豹提高声音对在场的所有人说："河神娶媳妇本是骗人的把戏，如果以后谁再操办这件事，就先把谁扔到河里去见河神。"从此，邺地河神娶媳妇的闹剧就绝迹了，西门豹运用自己的能力，把这里治理得非常好。

大才非学不成

【原文】

大志非才不就，大才非学不成。

——郑晓《训子语》

【译文】

有大志向而没有大的才干的人是不会取得成就的，而大的才干只有通过学习才能得来。

书香传世

一个人不光要树立远大的理想，而且要通过自身的不懈努力才能实现理想。否则，光有理想，不去努力，理想就不可能成为现实，只能沦为空想。

随着社会的进步，知识更新的速度变得越来越快。应对这种变化的唯一途径就是不断学习。

美国前总统克林顿说过："在知识经济时代，谁不善于学习谁就没有未来。"对于个人而言，学习是一种权利，社会的每一分子都有权利获得学习的机会。因为学习如同呼吸，意味着生命的存在。

不断学习，我们可以解读自己的人生密码，规划自己生涯发展的蓝图；不断学习，可以积累属于自己的智能资本；不断学习，可以开发生命的源泉，实现自我蜕变；不断学习，可以打破界限，冲破限制自己的瓶颈。

不断学习，将学习作为生命的根本保证。正如马克思所说的那样："一个人有了知识，才能变得似有三头六臂。"

"读书而不思考，等于吃饭而不消化。"这句话告诉我们学习的本质就是培养人的能力，只有通过学习，掌握了这些能力，才能让我们的生存更加有保证。古人云："授人以鱼，只供一饭之需；授人以渔，则终身受用无穷。"在学习中探索生存的技能，在生存中体会学习的奥秘，人生才会越来越有意义。

家 风 故 事

居贫贱而壮志凌云

王充，东汉人，生于光武帝建武三年（公元 27 年）。

小时候的王充，不像别的孩子一样喜欢捉鸟、捕蝉、爬树，似乎在童年生活中，这些娱乐活动他根本就没有接触过。他的父亲王诵对此感到很惊奇。

王充很懂礼貌，对人谦和，处事冷静，这些似乎与他的年龄有些不太相符，很有些成年人的做派。因为他很听话，父亲连一个手指头都没有动过他，母亲也没有责备过他。不是因为父母的疼爱就如此迁就他，而是因为这个孩子的确很懂事，就算是要找个借口都很难。

六岁的时候，王充就开始学习识字，八岁就已经进书馆读书了。

王充进了一所很大的学馆，其中有一百多个孩子因为违犯馆规而受到书馆先生的责罚，当然也有因为没有好好写字而受罚挨打的。但无论怎样的责罚，都不会落到王充的头上，因为他做的每件事都令人满意。

在学习《论语》和《尚书》的过程中，王充甚至每天可以背诵千字。当然，好的记忆力很关键，但他学习的态度决定他可以做到这些。就这样，读懂了经书的他，开始去研究学问，研究自己喜欢的东西。王充喜欢写文章，他觉得写文章和做人一样，要有一个平和的心态，这样认识问题才会更加深刻。严谨的治学态度，使他得到了很多人的认可。

王充不太愿意表现，也从不张扬，很少能看见他与人争辩，除非遇到聊得十分投机的人，否则一天连一句话也懒得说。后来，王充到了京师洛阳，在太学学习，拜班彪为师。喜欢读书的他，因家境贫寒，买不起书，就跑到洛阳卖书的地方，一待就是一天。他有着惊人的记忆力，看一遍就能记住并背出。就这样，王充广泛涉猎了各家各派的学说。王充穷得没有一亩地可以养活自己，但心情却比王公大人还要舒畅；卑贱得没有一斗一石的俸禄，而内心却和享有俸禄的人相似。他做了官不欣喜若狂，丢了官也不怅恨不已；在安逸快乐的时候，不放纵自己的欲望，在贫穷困苦的时候，也不改变自己的志向。他贪婪地阅读古文，爱听异端之言。当时流行的书籍和俗说，有很多不妥之处，他便决心著书。他开始深居简出，闭门谢客，考证虚实真伪，忙得连亲戚邻里的喜庆丧事都不去参加。经过三十多年的不懈努力，他终于写出了《论衡》八十五篇，长达二十多万字。

王充的一生，是学习的一生，他用毕生的精力去研究学术、探讨人生，他把满腔的热忱献给了他深爱的事业，他似乎从不计较个人的得失。他的这种奋发进取的精神，的确值得我们去学习。

第一章 劝学：以学风带家风

立志为国家努力学习

【原文】

幼而学，壮而行。上致君，下泽民。

——《三字经》

【译文】

我们要在幼年时努力学习不断充实自己，长大后能够学以致用，替国家效力，为人民谋福利。

书 香 传 世

少年强则中国强，少年富则中国富。毛主席曾经说过，青年人就像早上八九点钟的太阳，是我们祖国的希望，祖国的未来掌握在一辈又一辈的青年人手中。现在，国家给了我们这么好的机会和环境让我们读书学习，我们不能从小只树立为自己而读书的想法，因为我们的肩上还担负着祖国的未来，我们的心中不仅要有自己，更要有我们的祖国。

"不积跬步无以至千里，不积小流无以成江海。"我们要想实现国家前途命运的扭转与中华民族的伟大复兴，那么，良好的学风建设是基石，只有在不间断的认真学习与努力实践中，努力提高克服困难的勇气与破题的智慧，增强技能，提高解决实际问题的能力，未来事业才可能蓬勃发展，美好的梦想才能得以实现。

徐悲鸿心怀祖国刻苦学习

徐悲鸿的父亲也是一位画家，他很讲究做人，曾刻了许多图章以明心志，如"半耕半读半渔樵""闲来写幅丹青卖，不用人间造孽钱"等。他对艺术的热爱和追求以及做人的操守都深深地影响了幼小的徐悲鸿。徐悲鸿九岁时就开始随父亲学画了，每次随父亲进城，他一定要到画店观赏名家之作，回家后凭记忆摹画下来。他还爱细心观察身边的动物，并把它们一一描绘在他的笔下。几年下来，小悲鸿就打下了坚实的中国画基础。

徐悲鸿十三岁时，家乡发大水，父亲便带着他去外地谋生，为人家刻图章、写春联、画肖像。就这样，徐悲鸿接触了很多下层社会的劳苦大众，他们的处境逐渐使这个少年产生了忧国忧民的情怀，他在当时的画上常署名"神州少年""江南贫侠"，以示他胸怀大志。

当时的徐悲鸿并不满足于中国画的技法，已在摸索创造新的绘画风格。那时的"强盗"牌香烟盒中附有外国名家画的动物画片，悲鸿很爱收集，这些西方艺术大师的作品使他萌发了到欧洲学习美术的朦胧愿望，然而，一个冷酷的现实横亘在他面前：流浪生涯使父亲染上重病，他们不得不回到老家。

回乡不久，他的父亲便病逝了。徐悲鸿含着眼泪埋葬了父亲后，就到上海寻找半工半读的机会。一位在中国公学担任教授的同乡把他推荐给复旦大学校长，但校长说他年龄太小，婉言拒绝了他。徐悲鸿只好在上海流浪。正当生计无着落时，那位同乡又介绍他去找《小说月报》的编辑恽铁樵。恽铁樵很欣赏徐悲鸿的才华，并允诺为他在商务印书馆谋一个画插图的职务，叫他听回音。

这时已是秋雨绵绵的季节，徐悲鸿没有雨伞，便冒雨前去探听音信。恽铁樵兴奋地对他说："成功了！不久你便可搬到商务印书馆住。"一种温暖的感觉顿时涌到徐悲鸿寒冷的身上。他立即赶回旅店，给母亲以及家乡的朋友写信，说他已找到了工作。但信刚刚发出，就响起了急促的敲门声。恽铁樵站在门前，手里拿了一个纸包，一脸歉疚地说："事情没指望了！"徐悲鸿急忙拆开纸包，只见里面除了自己的画作以外，还有一个批件，"徐悲鸿的画不合用。"此时的徐悲鸿对生活彻底绝望了，他狂奔到黄浦江边，想要结束自己的生命。他解开衣襟，让无情的风雨打在他年轻的胸脯上。当一阵战栗从脚跟慢慢散布到全身时，他猛然醒悟："一个人到了山穷水尽的地步而能自拔，才不算懦弱啊！"

徐悲鸿无奈地回到了故乡，送走了第一个没有父亲的哀伤的除夕。镇上的一位民间医生很同情他，送给他一小笔钱。于是他再一次来到上海，但仍找不到工作。一个偶然的机会，上海富商黄震之看到徐悲鸿的作品，十分欣赏他的才华并同情他的遭遇，慷慨地为他提供食宿。但不久，黄震之不幸破产，徐悲鸿又无所依靠。当时著名的岭南派画家高剑父、高奇峰兄弟在上海开设了一家书馆，徐悲鸿便画了一幅马寄去，两兄弟在回信中对他的作品大加赞赏，并请他再画四幅仕女图。这时，徐悲鸿身上只剩下五个铜板了，而四幅仕女图要一个星期才能画完，徐悲鸿每天仅能花一个铜板买一个饭团充饥。第六天和第七天便粒米未进。当他终于挟着四幅仕女图送往书馆时，天上正下着大雪，但高氏兄弟不在，徐悲鸿只好将画交给看门人。因饥饿难忍，他不得不脱下身上单薄的衣服拿去当掉，暂时把肚皮填一下再说。

很长的一段时间，徐悲鸿便是这样在上海的街头上流浪。

一天，徐悲鸿在街头流浪时，看到复旦大学的招生广告，于是便报名投考，结果顺利地被录取了。他硬着头皮向一个同乡借足了学费，终于入了学。在学校里，他除了攻读法语外，仍继续作画。一天，他从报纸上看到明智大学征求仓颉画像的启事，便根据古书上的相关描述，画了一幅仓颉像应征，想得到一点稿酬。几天后，明智大学派车来接他，校方高度评价了他的作品，并请他去教授美术。不久，徐悲鸿便非常高兴地去上班了。

当时明智大学经常邀请一些学者名流来讲学，徐悲鸿因此结识了著名学者康有为、王国维等人。康有为发现徐悲鸿实乃艺苑奇才，就请他为自己和亡妻以及朋友们画像，并将自己的全部收藏提供给徐悲鸿尽情欣赏。徐悲鸿在康有为的指导下，遍临名碑，书法水平不断提高，逐渐形成了他那雄奇而潇洒的个人风格。

徐悲鸿拿到明智大学给的一大笔稿酬后，决定去日本研究美术。1917

年 5 月，徐悲鸿到了东京，整天去画市浏览。他感到日本的一些画家已逐渐脱去旧习，不同于陈法并能仔细观察和描绘大自然，达到精深美妙的境界，这更加坚定了徐悲鸿融合中外技法的愿望。

从日本回到北京后，徐悲鸿开始以他那生气勃勃、富有民族风格的绘画在中国画坛崭露头角，不久就被北京大学聘为画法研究会导师。在此期间，他在故宫看到大量优秀的中国古代绘画作品，从中汲取了丰富的营养。但受当时新文化运动影响的他，却是中国画家中最坚决的革新者。他在一篇文章中，对中国画中的保守势力进行了猛烈无情的抨击，一针见血地指出：中国画学的颓败，至今天已到了极点，其根本原因是因循守旧。在如何进行革新的问题上，他明确地提出：古代技法好的要守住，濒临失传的要继承，不好的要改掉，不足的要增补，要充分吸纳西方的绘画技法。

由于傅增湘和蔡元培的帮助，徐悲鸿终于获得去法国公费留学的资格，也终于圆了他学习西方绘画艺术的梦。到达巴黎后，他先在各大博物馆仔细观摩西方艺术的精华，比较它们与东方艺术的不同之处。随后，他考入了巴黎国立高等美术学校。课余时间，他便到罗浮宫和卢森堡美术馆研究各派的异同和各家的造诣，临摹大师们的作品。他还经常参加法国国家画会的茶会。该画会反对陈腐守旧的法国艺术家协会，主张在吸收各派之长的基础上创新。徐悲鸿在与那些艺术家的交谈中获益匪浅。1921 年 4 月法国国家美展开幕，徐悲鸿从早至晚仔细观摩，走出会场时，才发现外面下着大雪，而他整天未吃什么东西，又缺少御寒的大衣，顿时感到饥寒交迫，腹痛如绞，从此患上了严重的肠痉挛症。这年夏天，由于病情加剧，学费也已完全中断，他只好去柏林。在那里，他又看到了许多大师的作品，他最爱伦勃朗的画，便去博物院临摹，每天都持续画十小时，中间连一口水也不喝。

1923 年，徐悲鸿回到巴黎后，他的油画《老妇》第一次入选了法国国家美展。在以后几年中，徐悲鸿又远赴布鲁塞尔、意大利和瑞士等地的博物院临画，他流连于圣彼得大教堂的名雕刻和西斯廷教堂的壁画之前，纵情欣赏文艺复兴时代大师们的杰作，并游览了庞贝古城，领略了西方古代艺术的气氛。1927 年他又有九幅作品入选了法国国家美展。

经过八年勤奋刻苦的学习和钻研，徐悲鸿带着精湛的绘画技法和广博的艺术知识，回到阔别已久的祖国，开始致力于革新中国绘画的现实主义艺术运动。

书是我们的精神食粮

【原文】

子曰：君子食无求饱，居无求安，敏于事而慎于言，就有道而正焉，可谓好学也已。

——《论语·学而》

【译文】

孔子说："君子，饮食不求饱足，居住不要求舒适，对工作勤劳敏捷，说话却小心谨慎，到有道的那里去匡正自己，这样可以说是好学了。"

书 香 传 世

如果有人问：对于老百姓而言什么是最重要的？"民以食为天"的话多半会脱口而出。就像人们长期以来见面打招呼习惯说"吃饭了吗？"《孟子》说："食色，性也。"《礼记》说："饮食男女，人之大欲存焉。"可见吃饭与两性交注，是人的自然本性，也是人的两种基本欲望和生存的需要。这是儒家的观点，也是中国人几千年来认同的观点。

生存是重要的，但是如果人们为了生存而生存，那就无异于动物了。因此，人的食粮有两种，一种是物质食粮，一种是精神食粮。人不学习，没有精神生活则无异于野兽，因此，精神食粮就显得尤为重要。

孔子认为，一个好学的人，不应当过多地讲究自己的饮食与居处，他在工作方面应当勤劳敏捷，谨慎小心，而且能经常检讨自己，请有道德的人对自己的言行加以匡正，应该克制追求物质享受的欲望，但并不主张禁欲，只是提出作为文明的象征，毕竟精神的因素要占更大的比重而已。

孔子曾说："粮食不嫌精美，鱼和肉不嫌切得细。粮食陈旧和变味了，鱼和肉腐烂了，都不吃；食物的颜色变了，不吃；气味变了，不吃；烹调不当，不吃；不时新的东西，不吃；肉切得不方正，不吃；作料放得不适当，不吃；席上的肉虽多，但吃的量不超过米面的量。只有酒没有限制，但不喝醉。从市上买来的肉干和酒，不吃。每餐必须有姜，但也不多吃。"孔子参加国君祭祀典礼时分到的肉，不能留到第二天。祭祀用过的肉不超过三天。超过三天，就不吃了。可见，孔子并不是禁欲主义者。

对于物质追求的克制，是要学习者不要过分强调物质的条件，在任何环境下，只有有了好学的态度，才能学有所成。如果一个人不能在艰苦的条件下学习，在生活优裕的环境下就更不会有学习的动力。所以，我们应该明白孔子的本意，即要保持好学的精神。

家 风 故 事

赵九章苦读成才

赵九章，河南开封人。世界著名的动力气象学家、地球物理学家、空间物理学家。

幼年的赵九章，聪明好学，深受老师和同学们的称赞。他九岁时，就能整本地背诵《千家诗》《唐诗三百首》《诗经》《幼学故事琼林》等书。

然而，中国这片古老的土地，从来就没给那些莘莘学子安排一条平坦之路。

1921 年秋，由于家庭生活极端贫苦，勤奋好学的赵九章被迫辍学。年仅十四岁的赵九章，只好到开封的一家小交易所，当了一名店员。

旧社会的店员是个苦差事。赵九章在这个交易所吃尽了苦头。但是，赵九章胸怀大志，在奴隶般的苦难岁月里，他依然憧憬着幸福的到来。他发奋读书，孜孜不倦。

干完一天的活，他不顾劳累，将愤慨、不平、忧虑全抛到九霄云外，点上煤油灯，一直读书到深夜。他特别喜欢自然科学方面的书。每当得到这类书时，他都如获至宝，能一口气读到雄鸡唱晓。

有一天半夜，赵九章正在专心致志地在昏黄的灯光下读书，被老板娘发现了，她把赵九章骂得狗血淋头，直到赵九章答应她不再点灯看书，方才罢休。但赵九章并没有心灰意冷，而是百折不挠，千方百计地继续攻读。他把书上的公式、定律等按顺序剪下来，放在衣袋里。他背着老板娘，一有时间，就掏出一张看上两眼，连走路的时候，也一张一张地掏着看。锲而不舍，金石为开，在半年多的时间里，他用这种方法学完了一本初中的《物理学》。

也许是上苍对他厚爱，赵九章的一个姑妈了解到他的处境，深知他聪明好学，是个追求上进的好苗子，如果不上学实在太可惜了，就主动提出愿意资助他上学。从此，赵九章走出了命运的低谷。

1922 年，他以优异的成绩，考入了中州大学附属中学高中部。

勤奋好学的王冕

王冕是元朝著名的画家，同时还是著名的爱国诗人。他是浙江诸暨人，出身于一个贫苦的农民家庭。由于家境贫寒，他不能上学读书，七八岁时就帮助父亲干活。不论刮风下雨，他都要起早摸黑地牵着牛到地沟旁放牧。

可是，王冕很喜欢读书，他羡慕那些能上学的小孩子。每当他放牛经过学堂门口时，常常被那琅琅的读书声吸引住。可是，想想还要放牛，他又失望地走开了。

后来，王冕想出了一个放牛听书的办法。每次放牛时，他就把牛绳子接得长长的拴在木桩上，让牛自己吃草，自己则悄悄地趴在学堂的窗台上，聚精会神地听老师讲课。他既用功，记忆力又好，往往听一遍就可以背诵下来。

有天下午，王冕听课入迷了，完全忘记了放在野地里的牛。等到老师讲完课，学生哄的一声冲出书屋时，他才知道天已不早，慌忙跑到草地上去找牛，可是，牛不见了。王冕十分不安地回到家里，父亲怒容满面地在门口等着他。原来牛已经自己跑回家了，王冕这才松了一口气。还有一次，王冕正在听课，牛又跑了，还踩坏了人家田里的禾苗。那块地的主人牵着牛找到王冕的父亲。当然，王冕又少不了挨父亲的一顿揍。可是，过后王冕仍然去听书。慈祥的母亲心疼孩子，就对父亲说："算了吧，孩子这样痴心着迷地想读书，就由他去听书吧！"

父亲虽然也希望孩子能上学读书，可是生活怎么办呢？想来想去，最后只得把王冕送到一个寺庙里去帮工。王冕白天帮和尚干活，晚上等和尚们睡着了，他就偷偷地跑到佛殿上，坐在泥菩萨的膝盖上，借着长明灯的亮光读书，经常一读就读到天亮。佛殿里有许多泥菩萨，面目形状十分凶恶可怕，年幼的王冕一点也不害怕，就好像根本没有看到那些泥菩萨一样。

王冕勤奋好学的事，像长了翅膀一样很快地传开了。有一个叫韩明善的著名学者听到后很惊异，后来就把王冕收为学生。

第一章

劝学：以学风带家风

第二章

治学：端正学风从我做起

毛主席曾鲜明地指出："学风问题是领导机关、全体干部、全体党员的思想方法问题，是我们对待马克思列宁主义的态度问题，是全党同志的工作态度问题。既然是这样，学风问题就是一个非常重要的问题，就是第一个重要的问题。"我们需要不断加强学习，端正自己的学习态度，才能跟上时代的步伐，才能与时俱进，不被社会所淘汰。

不要不懂装懂

【原文】

知之为知之，不知为不知，是知也。

——《论语·为政》

【译文】

知道就是知道，不知道就是不知道，这就是智慧，不要不懂装懂。

书香传世

人不懂不可怕，可怕的是不懂装懂。在这个世界上，没有一生下来就上知天文、下知地理、晓古通今的人。只有实事求是，才能正确地认识自我；只有实事求是，才能注意学习、加强学习，从不知到知，由知之甚少到知之较多。否则，不懂装懂、自欺欺人、自以为是，就会堵塞自己前进的道路，最终贻害无穷。学习要踏踏实实，不能有虚伪和骄傲，要不断地多学多问，虚心向别人学习，让自己的知识储备变得更加丰富多彩。

今天我们已经步入信息时代，社会功利色彩浓重，人们的功利思想更加严重。对待学习，常常是心浮气躁，不懂装懂，强不知以为知，真是害人又害己。在钻研学问上，我们一定要像孔子那样"毋意、毋必、毋固、毋我"，"知之为知之，不知为不知"。

孔子不懂不装懂

孔子博学多才，他常常带着弟子周游各国讲学。

一个炎热的夏天，孔子带着弟子子路，乘坐一辆马车，前往齐国讲学。马车过了几座桥，拐过了几道弯，停在了三岔路口的大槐树下。树下有一村翁在卖茶水。他看到马车停下来，就招呼他们喝茶。

孔子下了车，走到村翁面前，很有礼貌地打听去齐国的路。村翁认出了孔子，拿起大碗茶递给孔子和子路，说："先生的名言'三人行必有我师'说得对极了，世上的学问，一个人不能都了解，要了解，就必须学习，不耻下问。"孔子说："是的，就拿种地来说，我不如农夫；盖房，我不如泥瓦匠；做家具，我不如木工。"

孔子不但教育学生要树立诚实的学习态度，他自己也是这样做的。

有一回，孔子到齐国去，路上看见两个小孩正在辩论问题。这两个孩子各自坐在一块石头上，就像真正的学者一样，认真地争论着什么。

孔子看了，觉得挺有趣，就对跟在身后的子路说："咱们走了大半天，也该休息一下了。过去听听孩子们在辩论什么，好不好？"

子路撇了撇嘴说："两个黄毛小子能说出什么正经话来？"

"掌握知识可不分年龄大小。有时候，小孩子讲出的道理，比那些愚蠢自负的成年人要强得多呢！"

子路听出孔子话里有话，脸红了一下，不敢再说什么，只好别别扭扭地跟着孔子走了过去。

来到树下，孔子站在一边，认真地听了一会儿。他看两个孩子各不相让，争得面红耳赤，就问："你们在辩论些什么呀？"

两个孩子瞥了孔子一眼，没顾上理睬他，仍然争论他们的问题。

子路在一边生气了，他喝道："你们这两个毛孩子，真没有礼貌！孔老夫子问话，你们怎么睬都不睬？"

孔子止住子路，和蔼地说："我叫孔丘，是鲁国人，看见你们争辩得这么热烈，也想参加进来，你们看可不可以呀？"

其中一个孩子站起来说："噢，原来你就是那个孔夫子呀，听说你很有学问。好吧，就请你来给我们评一评，看谁说得对。"

另一个孩子也跳起来说："对，让他来评评，肯定是我说得对！"

孔子笑着说："你们别着急，一个一个讲。"

先前那个孩子说："我们在争论太阳什么时候离我们最近。我说是早上近，他说是中午近。你说说是谁对呢？"

孔子认真地想了一会儿说："这个问题我过去没有考虑过，不敢随便乱说。子路，你能回答吗？"

子路在老师面前不敢信口开河，只好也老实地摇了摇头。

孔子转过脸来对两个孩子说："还是先请你们把各自的理由讲一讲吧。"

第一个孩子抢着说："我先说，早上的太阳凉飕飕的，一点也不热；可是中午的太阳却像开水一样烫人，这不就说明早上太阳远，中午太阳近吗？"

第二个孩子接过来说："他说得不对，你看，早上的太阳又大又圆，就像车顶上的篷盖那么大；可到了中午，太阳就变小了，顶多也不过一个菜盘那么大。谁都知道近的东西大，远的东西小。所以，当然是早上的太阳离我们近了。"

说完，两个孩子一齐看着孔子，说道："好了，现在我们的理由都讲过了，你来评评谁对吧。"

这下子可把孔子难住了，他反复想了半天，还是觉得两个孩子各自都有道理，实在分不清谁对谁错，于是他老老实实地承认："这个问题我回答不了，以后我向更有学问的人请教一下，再来回答你们吧。"

两个孩子听后哈哈大笑起来："人家都说孔夫子是个圣人，原来你也有回答不了的问题呀！"说完就转身跑去玩耍了。

子路望着他们的背影，不服气地说："您真应该教训他们一顿！两个小毛孩子，您随便讲点什么，就能把他们镇住。"

孔子说："不，如果不是老老实实地承认自己不懂，我们怎么能听到这一番有趣的道理呢？在学习上，我们知道的就说知道，不知道的就说不知道。只有抱着这种诚实的态度，才能学到真正的知识。这一点，你什么时候都不能忘记。"

端正读书态度

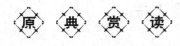

【原文】

房室清，墙壁净，几案洁，笔砚正。墨磨偏，心不端，字不敬，心先病。

——《弟子规》

【译文】

书房要收拾得清爽，墙壁要保持干净，书桌要保持整洁，笔墨纸砚等文具要放置整齐。如果把墨磨偏了，说明心不在焉。如果写出来的字潦草不工整，说明心神散乱、浮躁不安。

书香传世

古人读书讲究读书的环境和读书的态度。朱熹说："凡读书，须整顿几案，令洁净端正，将书册齐整顿放，正身体，对书册，详缓看字，仔细分明读之。"对读书环境的追求，其实是对读书态度的强调，只有端正了读书的态度，把读书看成是一件非常神圣和庄重的事情，才不会随意为之，才能认真严肃地读书。

一个人的心态决定了他的人生命运。对于学生来说，一个人的学习态度则直接决定他的学习成绩。态度决定一个人的前途与成功。在学生时代，我们想成为成绩优秀的学生，只要我们认定目标，不断努力，我们就一定能够成为成绩优秀的学生。因为，一个人心里想成为一个什么样的人，他就会成为什么样的人。

事实上，除非天生有智力残障的人，我们每一个人的智力都是差不多的。可是有的学生学习好，有的学生学习差，这又是什么原因呢？这是因

031

第二章 治学：端正学风从我做起

为他们的学习态度是不一样的。如果我们时常拥有自信、乐观、积极的心态，那么我们一定能够把书读得很好，一定会觉得读书是一件快乐的事情。我们要相信今天的每一点努力，明天都会得到加倍的奖赏。这样，我们就肯定能把书读得很好。

家风故事

郦道元治学严谨

《水经注》是中国古代的地理学名著，它的作者是北魏地理学家郦道元。郦道元出生于官宦家庭，从小就对各地人文风情非常感兴趣，父亲的书房是他最爱去的地方，他常常捧着《山海经》《汉书地理志》《禹贡》《水经》等地理书爱不释手。

郦道元爱读地理书，但读多了就觉得那些书有美中不足之处。他把不同时代的地理书放在一起比较，发现古代的地理书写得过于简略，同时代的地理书虽然详细一些，但书中缺少当前地形和古代地形的比较，看不出地理变迁的情况。他把自己的观点对父亲说了，父亲很高兴，鼓励他写一本新的地理书。

郦道元十七岁的时候，家里来了一位姓王的先生，王先生见多识广，走过很多地方。父亲让郦道元跟王先生出去游历一番，郦道元高兴极了，他请求王先生让他的几个朋友一起去，王先生答应了。郦道元和朋友们跟着王先生在青州各地游玩，大自然的美景让他们兴奋不已。王先生告诉他们：旅行不仅仅是为了好玩，还是一种积累知识的好方法。王先生还告诉他们：司马迁二十岁的时候离家游历四方，十年间行程上万里。他每到一个地方，都要寻访古迹，收集资料，有了这十年的积累，他才能写出流传千古的《史记》。

这次出行，郦道元不但长了见识，还明白了很多道理。

郦道元二十岁时，继承了父亲的爵位，先后在山西、河北、河南、陕西、安徽等地做官。在处理政务之余，他总要对当地的地理情况进行一番考察。有一次，他在黄河南岸的陕县游览黄河，当地官员告诉他，秦朝铸的一尊铁人落进了河里，所以这一带的黄河波浪高达几十丈。郦道元不信这种说法，他带了几个人到黄河边实地考察，发现这里的黄河确实巨浪滔天。郦道元注意到黄河两岸是陡峭的石壁，河中间有两座石头堆成的岛屿，把河水分成三股。

"这里的大浪不是铁人造成的。"郦道元指着河中的石头岛屿对身边人说，"是山崩落下的石头堵塞了河道，才激起这么高的浪。"

郦道元不仅做学问认真，为官也十分正直，因而得罪了不少权贵。公元518年，郦道元被革了官职。郦道元做了二十年的官，走过了很多地方，收集了一屋子资料，如今没有了政务的牵制，他打算写一本新的《水经》，详细记载各条河流及流经地区的地理情况。他埋头写作了七年，一部四十卷的《水经注》终于写成了。《水经注》虽说是给《水经》作注，但它的文字增加了二十多倍，记载的河流比原书多了一千多条。原书中很多错误的地方也得到了纠正，还增加了很多生动的描写。《水经注》既有地理知识，也有历史知识，而且它的文字优美传神，比如其中有一段记述长江三峡的文字：

冬春之时，素湍绿潭，回清倒影。绝巘多生怪柏，悬泉瀑布，飞漱其间。清荣峻茂，良多趣味。

郦道元离开官场多年后，北魏朝廷再次任用他，让他到汝南任职。汝南有个叫丘念的恶霸，深得汝南王元悦的宠幸，丘念仗着汝南王的势力为非作歹，干了很多伤天害理的事，老百姓对他敢怒不敢言，就连官府也奈何他不得。

郦道元上任后，马上派人调查丘念，掌握了很多他的罪证。然后，郦道元命人在丘念必经之路上将他抓了起来。汝南王元悦听说后连夜赶到京城，向孝明帝的母亲灵太后告状，说郦道元乱抓无辜。灵太后听信了元悦的话，下旨要郦道元放人。郦道元听说元悦上京城告状，就命人马上处决丘念。等元悦拿着灵太后的亲笔命令回来时，丘念已经被斩了。元悦怀恨在心，总想找机会报复郦道元。公元527年，雍州刺史肖宝夤叛乱。元悦见报复郦道元的机会来了，就向朝廷建议派郦道元出任关右大使，然后向肖宝夤散布消息，说郦道元要和他作对。肖宝夤得到消息后就派人在临潼县将郦道元杀害了。

郦道元一生治学严谨，为官清廉，他编写的《水经注》不仅有很高的科学价值，也具有很高的文学价值。

要学有专长

【原文】

人生在世，会当有业，农民则计量耕稼，商贾则讨论货贿，工巧则致精器用，伎艺则沉思法术，武夫则惯习弓马，文士则讲议经书。

——《颜氏家训》

【译文】

人生在世，应当有所专业，农民则商议耕稼，商人则讨论货财，工匠则精造器用，懂技艺的人则考虑方法技术，武夫则练习骑马射箭，文士则研究议论经书。

书香传世

一个人要想在这个纷繁复杂的世界中立足，学有专长是必不可少的。俗话说得好，"三百六十行，行行出状元"，选择做什么行当不要紧，关键在于是否用心钻研。当农民的就要算计耕作，当商贩的就要商谈生意，工匠就要努力制造出更加精巧的用品，技艺之士就要深入研习各种技艺，武士就要熟悉骑马射箭，而文人则要讲论儒家经书。因为只有这样才能使自己的生活过得充实，才能为所处的社会创造更加丰富的物质财富和精神财富，才能体现出人生的价值所在。

学有专长之人通常都能受人尊敬。无论是身为木匠的鲁班，药王孙思邈，还是大商人陶朱公，他们都在自己所从事的领域做出了一番事业，他们的亮点在于比别人学有专攻。

众所周知，一个人一生的时间是有限的，人的精力也是有限的。有的人爱好广泛，琴棋书画样样都会，却不精通其中任何一种，与学有专攻的人相比，总是比人家差一大截。如果一个有才能的人，可以聚精会神地搞好一项事业，那就十分难得。

总之，人们要干一行，爱一行，切忌"东一榔头，西一棒槌"，用力分散只会消耗更多的时间和精力。只有学有专攻，才能成为专业领域的佼佼者，才能为别人所求，为社会所用。这样的人，肯定会顶天立地，受人尊敬，谁还会耻笑他呢？

家 风 故 事

鲁班不爱诗书爱木工

鲁班，就是公输班，姓公输，名班。因为他是春秋时代鲁国人，所以人们都称他为鲁班。

鲁班以在木工、建筑器械等方面的发明创造而成为我国古代一位杰出的民间工艺家，也是闻名世界的伟大科学家。本文记述的，是他小时候的故事。

公元前 507 年冬季的一天，一个婴儿在鲁国农村的一户木工家中呱呱坠地，他就是鲁班。据传，鲁班出生即认父，两岁能言。

他的父亲十分高兴地对妻子说："这孩子如此聪明，好好供他读书，将来必定能成为有用之才。"

于是，在鲁班刚刚三岁的时候，母亲便开始教他识字了。小鲁班识字很快，过目不忘；但是，小鲁班对识字却兴趣不大，更多的却是去摆弄父亲做木匠活的工具。

他的父亲见了，很生气地对妻子说："我做了一辈子木匠，你还让他摆弄这些玩意儿，难道还想让他走我的路吗？"

妻子说："我教给他的字，他很快就学会了，可也不能老学呀。那么小的孩子，也得让他玩会儿吧？谁知一眼看不到，他就去摆弄你那些工具，好像你那些工具对他有特别的吸引力。也许这是命中注定吧！"

父亲不愿让鲁班走自己的老路，所以在他七岁的时候，便送他到学堂读书。鲁班的生活环境改变了，但志趣并没有改变。每当他上学的时候，总是把父亲用过的几件旧工具装入书袋，偷偷地带到学校；一到下课，他便找来几块小木板，模仿着父亲的动作，做起木匠活来，甚至有时上课的时候，老师在前边讲课，他仍在下边偷偷地摆弄木板，而对老师讲的那些内容不感兴趣。老师发现后，很生气，但见他自制的几个玩具精巧细致，又觉得他聪明过人，便不忍心多加责备，只是教训了几句就过去了。

对老师的教训，鲁班表示虚心接受，可是过后不久，又不由自主地做起木工活来。老师无奈，便对鲁班的父亲说："看来鲁班并不适宜读书，不要勉强了，还是让他跟你学习做木工吧！"

说着，老师拿出了鲁班做的几件小玩具，接着说："你看，这是他平时做的，多么精致！说不定鲁班在这方面，将来也能干出一番大事业啊！"

父亲看了儿子自制的玩具也觉神奇，见有些地方设计得很是精巧，连自己也难以想象得出；既然老师也不同意儿子再去上学，那么也就只好顺其自然了。

从此，鲁班就跟着父亲专门学做木匠活了。不到半年工夫，鲁班把父亲大半辈子的手艺全部学会了。在之后的生涯里，鲁班一心钻研木工，最后成为我国的工匠鼻祖。

学会爱护书籍

【原文】

借人典籍，皆须爱护，先有缺坏，就为补治，此亦士大夫百行之一也。

——《颜氏家训》

【译文】

借别人的书籍，都应当爱护，借来时如有缺坏，就替别人修补好，这也是士大夫百种善行之一啊。

书香传世

爱护书籍是一种良好的习惯，是一个人良好素质和教养的体现。如何做到爱护书籍呢？勿进行任何勾画、标记，勿折叠纸页或卷曲书体；读书时将手洗净，翻页时勿蘸唾沫、勿用指甲硬抠；放书的地方，要阴凉干燥洁净，无杂物，无异味，勿随便放置。心爱之书，更不能移作他用，有的人把书用来当坐垫，或用来当枕头，或用来当蝇拍子，实在是一种恶习，更有人把书纸撕下来用来生火，如此等等，都是最典型的焚琴煮鹤，都是读书之人最忌讳的。

书籍是人类文明的载体，人类进步的阶梯，如果没有书籍的存在，这世界必然是一片愚昧与黑暗。对书籍的态度，实际上反映了一个人甚至整个社会的文明程度。在商品大潮的冲击下，我们更应该给书籍以应有的地位和爱护。

书籍保护主要注重以下几点。

1. 干燥，要将书籍放在干燥的房间里，梅雨季节过后注意拿出去晒晒，但注意不可曝晒，须覆层纱布。

2. 除尘。书架最好定期打扫，重要或不常用的书籍最好放在有玻璃外罩的书架上。

3. 防虫。书籍招虫蛀，所以可以在书架和房间中放些樟脑丸等可以防虫的药丸，定期更换。

而其他的一些少量或者常用的书籍可以在外包裹一些书皮，书籍内最好都有书签，这样看到哪里就可以把书签放在哪里，防止有折痕。

家风故事

古人爱书

有一个文人，小的时候很喜欢看书、学画。每天晚上做好功课后，他就把书和画拿出来看。他看书的时候很当心，先要看看手干不干净，然后才小心地一页一页翻。弟弟们可以蹲在桌子旁边一起看，但他不许他们伸手在书上乱摸，怕他们把书弄脏了，弄坏了。他放书的箱子，空大的地方放大书，空小的地方放小书，摆得整整齐齐；夹缝里还放上樟脑丸，不让蠹虫把书咬坏。有些书脏了，他总是耐心地擦干净。书坏了，他就细心地把它补好。有些常看的书，他总先包上一张书皮再看，在他小的时候，对书比什么都要珍惜。长大后，他终成一代文豪。

宋朝时，有个著名的大儒家朱熹，表字叫仲晦，他还为自己取了一个别号叫晦翁。他为人端庄稳重，在朝廷里讲话很正直，他在平日家居的时候，每天天色还没有亮就起来，穿好制服，戴了幞头，着了方头鞋子，到家庙里和先圣神位前去跪拜。行了礼以后，退回到书房里，几案必定摆得很正，一切书籍器用必定整整齐齐的。有时候疲倦了休息，就闭了眼睛端端正正地坐着，行走时放轻脚步慢慢地走。他的威仪和容貌举止的法则，从少年时节一直到老，没有任何时候放弃过。

刘向整理古籍二十载

刘向，本名更生，字子政，沛（今江苏沛县）人，西汉文学家、目录学家，中国古代最著名的"编辑"。

刘向为了整理先秦古籍，花了整整二十年时间。

汉王刘邦入关后，萧何没收了秦丞相府的图书文籍，存放在石渠阁，以后又大规模征集图书，前后经过一百年时间，石渠阁的藏书堆积如山。公元前26年，刘向受诏校理这些图书。这时，他年已五十一岁了。接受任务后，刘向立刻选定精通各方面专业知识的人做助手，对这批先秦古籍开始整理、校勘、编纂。

石渠阁的图书如浩瀚海洋，不仅图书的抄集来源不一，而且传授者又各有师说。同一种书，存在不同的抄本、不同的篇次和不同的内容，而且用字互有歧异，同音、形近互相假借的现象比比皆是。许多简册，由于长期埋藏于壁中、地下，掘出时残破朽烂，简直难以辨认。

刘向整理儒家古籍时，力排众议，打破了不同儒家学派的门户之见，兼收并蓄。他常常广收异本，互相校勘。例如《尚书》就有九家。流行的有《古文尚书》《今文尚书》。当时古文、今文两大学派间壁垒森严、互相攻击。刘向勇敢地冲破这些壁垒，古文和今文相互校勘，改正了脱简、错简和文字的错误几十处，发现不同之处几百个。整理儒家古籍，竟花了刘向好几年的时间。

接着，他又整理了先秦诸子的著作。先秦诸子的著作，往往是篇章单行。每编一部书，刘向都要广泛收集各种传抄本子，清除重复和冗繁的篇章，然后再重新编订篇目次序。例如，整理《管子》这部书时，刘向收集的篇目就有五百六十四篇，里面有很多内容是重复的。刘向重新编订的为六十八篇，分为八部分。

在石渠阁中，还有许多战国时的游说之说，书名各式各样。在编订篇目和次序以后，刘向把性质相同而来源不一的资料重新编纂，分作十二国，按事件先后编为三十三篇，定名为《战国策》。刘向还编纂了《楚辞》《新序》《说苑》等很多书。每整理一种书，刘向都要写一篇"叙录"（摘

第二章　治学：端正学风从我做起

要），最后，群书的"叙录"汇集成"别录"。这是中国历史上最早的一份图书目录。

整理先秦古籍的二十年，也是刘向呕心沥血的二十年。由于过度劳累，刘向在汉哀帝建平元年（公元前6年）去世了。他的儿子刘歆继承父业，又用了大约一年时间，完成了这次大规模的编辑、整理古籍的任务。

刘向父子编辑整理先秦古籍，对于保存和积累祖国的文化遗产，做出了不可磨灭的贡献。

欲速则不达

【原文】

有事急之不白者，宽之或自明，毋躁急以速其忿；人有切之不从者，纵之或自化，毋操切以益其顽。

——《菜根谭》

【译文】

遇到事情着急之中想不明白的人，缓松下来可能自己会明白过来。不要过于急躁，过于急躁有可能会增加紧张情绪，使他更加恼怒从而越发弄不明白。有些人你越强迫指挥他，他越不顺从，如果放松不拘束他，有可能他自己会明白过来。不要过于逼迫他，这样只会引起他的反感从而更加固执顽劣。

书香传世

古人说"欲速则不达"，做事情不能过于急躁。学习更是如此。人不可能一口就吃成一个大胖子，饭是一口一口吃的，知识也是一点一点累积起来的。

老子说："合抱之木，生于毫末；九仞之台，起于累土；千里之行，始于足下。"做任何事情都不能过于急躁。想让别人明白道理，不能要求对方一下子全部接受。有时越急迫地想要别人明白，别人越是想不清楚。就像课堂上老师们常说的那样，如果某一个问题实在想不明白，那么不如暂时先把它放下。过上一段时间，也许自己就能突然明白过来。有时候讲的人着急，听的人更加着急，着急之中双方的火气还有可能上来。所以在学习中遇到不明白的地方，如果一时之间实在想不明白，那么不如先把这个问题放下，休息一段时间，或者是先去学习别的知识。过一段时间再来想这个问题，也许能在突然之间豁然开朗。

家 风 故 事

齐景公弃车

子夏是孔子的学生。有一年，子夏被派到莒父（现在的山东省莒县境内）去做地方官。临走之前，他专门去拜望老师，向孔子请教说："请问，怎样才能治理好一个地方呢?"

孔子十分热情地对子夏说："治理地方，是一件十分复杂的事。可是，只要抓住根本，也就很简单了。"

孔子向子夏交代了一些应注意的事项后，又再三嘱咐："无欲速，无见小利。欲速，则不达；见小利，则大事不成。"

这段话的意思是：做事不要单纯追求速度，不要贪图小利。单纯追求速度，不讲效果，反而达不到目的；只顾眼前小利，不讲长远利益，那就什么大事也做不成。子夏表示一定会按照老师的教导去做，就告别孔子上任去了。

后来，"欲速则不达"作为谚语流传下来，被人们经常用来说明过于性急图快，反而适得其反，不能达到目的。

一次，齐景公到东海游玩。突然，一名驿使从都城飞马赶来，向景公报告说："丞相晏婴病重，危在旦夕，请大王火速赶回，否则难以见上最后一面了。"

景公听了，急得霍地站起来。这时，又一个驿使飞马而至，催请景公速回。

景公十分焦急，高声喊道："快快准备好车良马，让驺子（掌管车马的仆役）韩枢为我驾车，火速回去！"

韩枢驾车跑了大约几百步，景公心急如焚，嫌驺子驾得太慢了，就夺过缰绳，亲自赶起车来。

他驾车驭马行了几百步，又嫌马不努力前进，索性弃车，自己跑开了。

齐景公放弃好马，自己跑起来，只能说明"欲速则不达"。学习也是如此，有了量变才会有质变，万不可焦躁，如果快速完成某件事，其效果不一定好。学习是个积累的过程，不可急于求成，否则会适得其反。

以理智的态度认真学习

【原文】

矜高倨傲，无非客气。降伏得客气下，而后正气伸；情欲意识，尽属妄心。消杀得妄心尽，而后真心现。

——《菜根谭》

【译文】

骄矜傲慢，自高自大，这不是出自人的真心，而是受出自血气、浮夸不实的客气影响。只有消除客气，人的正气才能够伸展出现。各种情欲邪念，都属于虚幻不真实的妄心。消除虚幻不实的妄心，人的真诚善良的真心才会显现出来。

人类的身体就好比是一个小宇宙，自成一个小天地。支配我们身体的是正气，这种气正大光明；迷惑我们身体的是客气，这种气虚幻、不真诚。人们本有真心，只是妄心遮盖真心时，真心不能显现出来，因此只有消除妄心才能见到真心。对于学习求知而言，浮夸不诚的客气与虚幻不实的妄心都是障碍。学习要想取得进步，就需要把客气与妄心消除干净。如果稍稍取得一点成绩，就开始骄傲自夸，那么便可能故步自封，很难取得大成就。俗话说"山外有山，人外有人"，学习是没有止境的，骄傲浮夸是学习路上的绊脚石。

在学习中，只有踏踏实实用功，才能取得进步。如果三心二意、骄傲浮夸，既不能吃苦耐劳又不谦虚谨慎，是无法在学习中取得进步的。对迷惑身心、诱使自己无法专心学习的各种邪思杂念，学习者需要保持警惕，时时清除，时刻保持清醒头脑，以理智的态度认真求知，长期坚持下去必能取得一定收获。

家风故事

岳飞苦读

岳飞，字鹏举，相州汤阴（今河南汤阴县）人。岳飞小时因遭水灾，家里一贫如洗，全家依靠母亲做针线活、纺纱织布赚得几文钱，糊口过日子。

家境虽然贫寒，岳飞却酷爱读书，在母亲的教诲下，他白天上山拾柴时就抓紧空余时间读书写字。晚上没有油灯，就把白天拾来的枯柴，点起来照明诵读。无钱买纸笔，他就把路边的细沙弄回家来铺平当纸，用树枝作笔，一笔一画地练习写字，写了一遍抹平又写，反反复复，从不厌倦。

岳飞很聪明，又很用功。贫穷砥砺了他的志气，学习启发了他的智慧，没有多久，他文才大进。母亲看见岳飞聪明敏锐，说不出的高兴，就到附近的私塾里去找老师。她宁可自己省吃俭用，也要给岳飞交学费，让他到学校深造。岳飞得到了学习的机会，苦读了几年书，学问增长很多。

岳飞十几岁时，家里实在太穷，他只得停止读书，到一个大地主家干活。那时，尽管农活非常繁重，日子艰难困苦，但是岳飞从不放弃练武和读书。

白天劳动之余、夜间休息之时，他就读书写字，有时甚至通宵不眠。他有很强的记忆力，不论什么书看了就会背。他无书不读，尤其是喜欢《春秋左氏传》和孙子、吴起兵法。岳飞通过勤奋的苦读，练就了一手好文章。他写的文章，思想细致，分析精密；他作的诗词，意气豪迈、感情充沛；他还练就一手好字，笔法纵逸，尤其擅长行书。

岳飞从小一边读书，一边练武。十九岁就能挽弓三百斤、弩八石。后来，在周侗老先生和著名枪手陈广的传授下，成为武艺超群的人物。

二十岁那年，他怀着抗击侵略者、收复中原的壮志从军，母亲在他背上刺了"精忠报国"的训词。后来，岳飞以自己的实际行动实现了这个誓言，成为南宋著名的爱国将领、历史上杰出的抗金英雄。

学习要克服浮躁

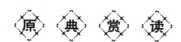

【原文】

静胜躁，寒胜热。清静为天下正。

——《道德经》

【译文】

安静克服浮躁，清寒克服炎热，清静无为是天下共同参照的正则。

书 香 传 世

人们常说现在的人变得越来越浮躁。浮躁是一种情绪表现，更是一种生活态度。自古以来，中国的历史文化一直教人们为人处世要沉稳、含蓄，心平气和、不急不躁。浮躁现在已成为人们的心理通病之一，对前途盲目，做任何事缺乏思考和计划；学习时心神不宁，缺乏主动、恒心及毅力。比如，有的人看到歌星能挣大钱，就盲目地想当歌星；看到著名的作家有名利，又想当作家，就这样整天沉溺于空想，但又不愿付出行动。还有的人爱好转换太快，不管做什么事都是三分热度，今天学弹琴，明天学古筝，三天打鱼两天晒网，最终一事无成。

浮躁虽然不是大毛病，却不利于学习进步。在学习中，如果人们有浮躁的缺点，那么就不利于深入研究学习，也不利于仔细认真地研究问题。因此对于浮躁，能够把它消除掉是最好的。才思敏捷的人，可以用更多的学问来清除自己身上的浮躁之气。俗话说学海无涯，当面对浩瀚的知识海洋时，人们身上的浮躁之气自然会被清洗掉。一个人学的东西越多，掌握的知识越丰富，相应地，浮躁之气也会越少。

家风故事

李白寻仙

唐代大诗人李白。他在小的时候学习很不认真，非常贪玩，整天想着找神仙。有一天小李白又从学堂里跑了出来，外面山清水秀，景色十分秀美。小李白感觉到自由自在，玩得非常高兴。他东游西逛，走到一条河边，看到一位老太太在河边磨着一根很粗的铁棒。

那种专注的神情深深地吸引着李白，以至于李白偷偷地跑到河对岸，蹲在她跟前。她真的是太专注了，连李白蹲在眼前，她都没有察觉。

李白不知道老婆婆在干什么，就轻声地问："老婆婆，您这是在做什么呀？"

"磨针。"老婆婆头也没抬，简单地回答了李白，依旧认真地磨着手里的铁棒。

李白不明白老婆婆在说什么，心想老婆婆手里磨着的明明是一根粗大的铁棒，怎么能和小小的针联系到一起呢？

李白不解地说："老婆婆，针是非常非常细小的，而您磨的是一根粗大的铁棒啊！"李白好奇地看着老婆婆，真希望是自己听错了，或者老婆婆能给他一个更加合理的解释。

老婆婆笑着对李白说："我就是要把铁棒磨成细小的针，用它来做针线活儿。"

"怎么会?"李白难以置信地看着老婆婆，一时不知道该说什么好，但李白还是不死心，希望能问个清楚。

李白问老婆婆："这么粗大的铁棒能磨成针吗?"

这时候，老婆婆抬起头来，看着李白说："好孩子，铁棒子的确是又粗又大，把它磨成针的确是件很困难的事情。但是我每天都在磨，一天磨一点儿，早晚有一天，它会成为我手中的绣花针的。孩子，只要功夫下得深，铁棒也能磨成针呀！"

尽管李白不愿意读那些枯燥的书籍，但他的悟性非常高，听了老婆婆的话，似乎领会到了一些东西，心想：做事情只要有恒心，再困难的事情也就不难了。

李白想到自己平时读书时的态度，心里十分惭愧，于是他再也不想找神仙了，而是跑回家，重新翻开原来不愿读的书，继续读起来。

老婆婆的话语，使李白得到了启发。李白虽然没有在山里找到神仙，但却遇到了使他受益终身的老婆婆。或许老婆婆也没想到，正是由于她的一番话语，成就了中国历史上一位伟大的诗人。

心态要欲而不乱

【原文】

把握未定，宜绝迹尘嚣，使此心不见可欲而不乱，以澄吾静体；操持既坚，又当混迹风尘，使此心见可欲而亦不乱，以养吾圆机。

——《菜根谭》

【译文】

意志还不坚定、自控能力还不强的时候，应该远离繁华的俗世，自己看不到各种各样的诱惑就不会意乱心迷，这样才能保持澄净之心的本质；等到意志坚定能够自我控制的时候，又应该多接触纷乱的环境，使自己看到各种各样的诱惑却不会动心迷乱，这样才能够培养自我超脱世俗的灵机。

书香传世

对于涉世不深的年轻人来说，他们需要避开各种各样的繁华场所。因为涉世不深，对于世界的了解也不深刻，意志力也不是很坚定，自我控制能力也不是很强，这时候遇到一些诱惑，往往无法抵挡。所以对于年轻人来说，远离蕴藏着各种各样诱惑的繁华场所是非常必要的。现在社会中的一些问题，就是关于青少年的。有一些青少年，涉足各种各样的娱乐场所；还有一些人喜欢追捧名牌商品；也有一些青少年沉溺于网络之中。无论是去各种娱乐场所还是追捧名牌产品，都是不利于学习成长的行为，而沉溺于网络之中，对于青少年的身心损害则更加严重。许多家长为此束手无策，学校对于这个问题也在苦苦思索好的解决办法。

相比较而言，成年人的世界观、人生观、价值观都已成熟，对于社会中很多诱惑有自己的鉴别能力，对于诱惑的抵抗能力也比较强。但是对于涉世不深的青少年来说，世界观、人生观、价值观都还在培养形成之中，对于社会当中的很多诱惑，没有鉴别能力或者是鉴别能力不强。在这种情况下，青少年往往很容易沉溺于诱惑之中不能自拔。心思散乱，也就无法专心于学业。所以很多地方都规定，在学校附近不能开设网吧，各种娱乐场所也不能在离学校非常近的地方开设。还有一些学校建在远离繁华市区的郊区，使得学生们远离各种繁华热闹。眼不见则心不乱，看不到那些热闹繁华，学生们也就能够收拾身心，专心于学习、求知。

当一个人形成了健全的世界观、人生观、价值观，对于世界有了比较深刻的认识，能够坚守良好德行的时候，就可以到繁华热闹的地方磨砺自己的意志。看到繁华热闹，心中却不迷乱；遇到各种诱惑，能够抵制诱惑，坚守自己的良好德行。经过这样的磨砺，能够使自己的意志力更加坚强，使得自己控制自己的身心，该学习就学习，该放松时候就适当放松。

家风故事

意志薄弱的小李

小李是一个开朗活泼的青年人，本来有光明的前途：他学业优秀，活动能力强、交际面广、兴趣爱好都很广泛，还有一个感情很好的女朋友。但是小李有一个非常不好的习惯，喜欢赌博。在学校的时候，他只是和人小赌，每次输赢钱数都不多。毕业之后，他去了一所中学教书。

学校建造在郊区，实行封闭式管理。小李在学校里无法赌博，忍耐了一个学期。等到一学期结束之后，他就找到从前一起赌博的朋友，又聚齐了几个人一起到城里赌博。这次聚赌，使得小李输掉了很多钱。女朋友知道这件事情之后非常生气，说原谅他这一次，如果他不改掉赌博的恶习，就和他分手。小李自己也很懊悔，因为这一次赌博把他所有的积蓄都输掉了，还借了朋友的钱。小李向女朋友发誓，说自己从此以后再也不会赌博。从那以后，小李果然再也没有赌博。两年之后，小李准备与女友买房结婚。他自己的积蓄加上女友的积蓄，还有和双方亲戚借的一部分钱，都由小李掌管。

小李和女友去看了几处房子，女友由于还要上班就先走了。小李还在暑假中，就自己去继续看房子。这个时候，他突然碰到从前在一起赌博的朋友。两个人聊了一会，朋友问小李还想不想去玩一玩。

小李犹豫了，他知道自己应当马上拒绝，可是却又想着似乎玩小一点不赌大的是没有关系的。朋友看他犹豫，就说我们玩小一点的。小李终于没有克制住自己，跟着朋友又去赌了。他想着玩一两把就马上离开，结果当他出来的时候，把买房子的钱都输掉了。女友铁了心要和他分手，小李懊悔不迭，他恨自己当时为什么管不住自己。由此可见，意志薄弱的人是不会有多大出息的。

读书穷理识趣为先

【原文】

琴书诗画，达士以之养性灵，而庸夫徒赏其迹象；山川云物，高人以之助学识，而俗子徒玩其光华。可见事物无定品，随人识见以为高下。故读书穷理，要以识趣为先。

——《菜根谭》

【译文】

琴书诗画，明智聪慧的人用来培养自己的灵性，而平庸的人只知道欣赏表面，没有领略其中蕴含的内容；山川云物等美景，有智慧的人能从中学习提高自己的学识，而凡夫俗子只知道赏玩风景而已。由此可见事物本身没有固定不变的品性，是随着人们见识的不同而有高低的区别。所以阅读书籍与研究事理，要先提高自己的志趣。

书香传世

琴棋书画等雅事，有智慧的人用来培养自己的性情，培养自己的灵性。如果只知道欣赏表面，只抓住形式，就不能体悟到其中真正的趣味。山川美景，有智慧的人在赏玩的同时能从中学习到一些东西，悟出一些道理，凡夫俗子们却只知道赏玩风景而已。世界万物本身没有优劣之分，是由人来根据自己的价值选择为它们做出区分。同样的一本书，有些人读了可能受益匪浅，有些人读了却如过眼云烟一般没有留下多少印象。同样一处风景，有些人只欣赏其优美雅致，有些人却能在欣赏美景的同时研究花草树木的习性，或者研究地质地貌，还有人能从观赏风景中悟出人生道理。所以事物本身没有好坏优劣之分，都是由人来定的。有智慧的人才能从寻常景物中有所发现，有所收获。

在治学的过程中，先要提高自己的志向与品位。志向高远，品位不俗，这样才能对世界有深入的认识与发现。

家风故事

李耕广采博学

李耕是我国独树一帜的著名画家，传有"北齐南李"之说，与齐白石相提并论。中国美协主席蔡若虹认为，我国古典人物画技法流传至今，保持最完整者，唯李耕也。

李耕自幼生活在一个民间艺术氛围极高的家庭里。

李耕的祖父李泰，聪明能干，多才多艺。父亲李步丹，擅长画像，画得惟妙惟肖，又善画壁画，悬臂提腕，挥洒自如。

李耕从小在绘画方面就有极高的灵气。三岁时，他就能见什么画什么，他能画羊抵角、马奔跑、驴打滚、鸡长鸣……画得虽然幼稚却形态逼真，初次显露出才华。他五岁就能画人物画，比如家里的爷爷、爸爸、妈妈……看完戏，台上的人物——生、旦、净、丑都画得姿态生动、栩栩如生。

"寒门出贵子。"李耕幼年时，家中十分贫寒，母亲长病难医，借了二百多元钱的债，无力偿还，于是他的两个姐姐被迫送给人家当童养媳。他十三岁那年，母亲去世，家境更加贫困不堪，他只好跟着父亲浪迹江湖，以卖画度日。

　　五里长堤，要建座风雨亭，他父子二人就在亭子中彩绘装饰；山中修建庙宇，他们就在肃穆的大殿里绘制壁画。在流浪生活中，粗茶淡饭，生活非常清苦；但绿水青山、白云彩虹、孤亭古寺、荒村野景，开拓了他的视野，陶冶了他的情操，给他提供了大量的绘画素材，也为他安排了得天独厚的学画、学诗、学文的环境。在这段日子里，他除了跟父亲学画，还学习了《诗经》《论语》《孟子》等古典读物。还跟庙里的和尚学琴、棋、书、画。小小的李耕广采博学、揣摩品味，这都为他的艺术创作打下了坚实的基础。

　　李耕又曾随父到青斜一带画画。青斜景色优美动人，李耕终日抱着画卷，沉浸在如画的山水之中，他的心情、气质、情操、才智和大自然巧妙地融为一体。美丽的大自然，孕育着美的人物、美的作品，它们完全融合在了一起。当地有名的秀才孙立夫，学识渊博，又写得一手好字，行书、楷书，都写得俊逸雄劲，诗词也写得不俗。他看李耕谦虚诚恳、才华惊人，一口答应收下李耕做徒弟，他指点李耕写诗作赋，提高了李耕绘画的素质。

　　李耕还拜德化名师福田为师，学到了一手七弦琴，那古雅悠扬的琴声，丰富了李耕绘画的情韵，陶冶了他的志趣和情操，使他终成一代知名画家。

第二章

治学：端正学风从我做起

第三章

求学：他山之石可攻玉

向别人学习，汲取别人的长处，来弥补自己的不足，这就是最直接、最容易完善自身的方法。一个习惯了解、观察他人的人，会比其他人学到更多的生活经验，为自己的成功赢得更多的机会。所以，在求学中一定要怀揣一颗求学的心。

生命不止，求知不断

【原文】

子曰：吾十有五而志于学，三十而立，四十而不惑，五十而知天命，六十而耳顺，七十而从心所欲不逾矩。

——《论语·为政》

【译文】

孔子说："我十五岁立志求学；三十岁时弄懂礼仪，能按周礼处理世事；四十岁能不被外界复杂的事物所迷惑；五十岁懂得了天命，知道人的贫富、寿夭的秘密；六十岁能洞察真假，辨明是非；七十岁能随心所欲而不越出周礼的规范。"

书香传世

学习是不可停止的，人生只有走进坟墓，真正求知不断的人才可以休息。事实上，圣人的一生，无论何时都在不断地探索与完善自己。在每一个年龄层次，都会产生不同的人生感慨。

"生命不止，求知不断。"一个人要想发展得很成功，就必须了解自己的特性和特长，并按照自己希望的形象，通过学习定位自己，充分发挥潜能努力去实现目标，这就是经营人生。"生命不止，求知不断。"蛇的每一次蜕皮都是很痛苦的，尽管痛苦，但是伴随着蜕皮的历程都是它的另一次新生。

我们每一个人在为人处世的时候，就是蜕皮的过程，就是不断求知学习的过程，就是不断实现人生飞跃的过程。

天地悠悠没有尽头，人的生命却有尽头，非常短暂。虽说如此，但学问却没有尽头，下一分功夫，就会有一分收获。

人生短暂，要做到"三十而立，四十而不惑，五十而知天命，六十而耳顺，七十而从心所欲不逾矩"，需要我们珍惜现在，发奋求知。

家风故事

求变求新龚自珍

龚自珍，浙江仁和（今浙江省杭州市）人。龚自珍出生于仕宦兼文人世家，从小就受到熏陶。六岁的时候，他离开家乡到父亲任职的京城读书。八岁时，在父亲的指导下抄录学习《文选》。十二岁的时候，外祖父指导他学习《说文解字》，希望他将来能成为一个有成就的学者。龚自珍不但聪明过人，也刻苦好学。他在二十岁之前，阅读了大量的图书古籍，为后来的治学乃至求变求新奠定了深厚的基础。

成年后的龚自珍，本想由科举入仕，进而平步青云。可是，无情的现实把他的梦想彻底打碎。尽管他学识渊博、才华横溢，但五次考试都名落孙山。虽然后来考取了进士，但考官以"楷法不中程"为由有意压低他的录取名次，使他彻底失去了入朝为官的意愿。

仕途的路既然走不通，龚自珍转而一心研究学问。他在看清了封建专制统治的腐败和官场的丑恶现象的同时，也通过升平景象看到了其背后隐藏着的深刻的社会危机。由此，他从故纸堆里爬了出来，致力于研究中国的现实问题。

青少年时，龚自珍就关心国家大事，有着一颗忧国忧民的爱国心。通过对社会的广泛接触和了解，他感到，中国人民之所以处于水深火热之中，有两个原因：一个是封建地主阶级对劳动人民的残酷剥削与压迫，阶级矛盾激化，导致市民抢米，工人暴动，农民起义等事件不断发生；一个是英国把大量的鸦片输入中国，毒害中国人，并准备以"船坚炮利"的绝对军事优势侵略中国。同时，沙皇俄国不断地入侵我国的东北地区，并扬言要发动"惩罚中国的战争"。

内忧外患，国难当头，龚自珍在这样的现实面前忧心忡忡，力求寻找到

第三章 求学：他山之石可攻玉

解决中国现实问题的出路。当时，重新兴起的"今文经学"，以主张"变易"为主要特点，龚自珍便以此开路，从研究《公羊》学说入手，对时局大胆评议，并提出改革建议，猛烈抨击封建专制主义。他在揭露和批判封建官僚集团庸碌、无能与无耻的丑恶行径的同时，深入研究和探索了这一政治腐败的成因，他认为这是社会财富分配不均所致。

龚自珍坚定地站在以林则徐为代表的禁烟派一边，具有坚决反对外来侵略的爱国主义思想。他主张严禁鸦片、积极备战以抵御英国的侵略，并对沙皇俄国企图侵占我国西北的阴谋十分警惕，写下了《御试安边绥远疏》和《西域置行省议》等文章，主张在新疆设置行省，移民实边，加强防务。

龚自珍根据《周易》的"穷则变，变则通，通则久"的思想，积极提倡改革变法。他指出："自古及今，法无不改，势无不积，事例无不变迁，风气无不移易。"他的主张既有朴素的辩证思想，又是兴利除弊的一剂良药。不过，人微言轻，一介书生的话，即便思想再先进、主张再适用，也是无法实行或兑现的。但是，他写在鸦片战争前夕求变求新的诗句到底还是流传了下来，今人读起它来，仍旧会为之一振：

> 九州生气恃风雷，万马齐喑究可哀；
> 我劝天公重抖擞，不拘一格降人才。

诗句中的词句是龚自珍感情的真实流露，但更多的则是对人才辈出、真正求变求新的新时代的到来充满无限的渴望与憧憬。

专注求学，心静处世

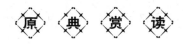

【原文】

子曰：《诗》三百，一言以蔽之，曰"思无邪"。

——《论语·为政》

【译文】

孔子说："《诗经》三百篇，用一句话来概括，那就是'思虑没有邪念'。"

书 香 传 世

思虑没有邪念就是心静、心正，就是专注，就是纯正。运用到求学上，就是心思专一，没有散乱，心境沉静，没有浮躁。

生活中最大的成功者并不是嘴上说得天花乱坠的人，也不是把一切都设想得极其美妙的人，而是脚踏实地去做的人。这就像只有立志、专注、心静，才能做好学问一样。为学惟专、惟静方可成，做其他事情亦是如此。

拥有了一颗纯正的心，你就更能专心地从事你所从事的事，更能在高效率中实现事业的成功。

读书人有一句话叫"板凳要坐十年冷"。人生在世要有所成就，就要有耐心。"吃得苦中苦，方为人上人"，要用平和的心态和仰慕圣贤的态度，做到"思无邪"，以实现人生的求学、为人之路。

家风故事

顾欢痴心求学

顾欢，字景怡，南北朝时吴郡盐官（今浙江海宁市西南）人。

他从小就勤奋好学，六岁那年他捡到几片残缺的甲子竹简，上面刻有古代数学的计算方法，他像得了宝贝似的拿回家反复研读，就凭几片残缺的甲子简，他竟然弄通了古代数学《六甲》。

顾欢的家境贫困，世代务农。他父亲是个老实厚道的农民，看到孩子喜欢读书很高兴，一心一意支持顾欢学习。可是像他们这样的家庭哪里请得起先生来教书呢？就是送到学馆去学习，学费也出不起呀！

村东头有所学馆，学馆里的读书声时时刻刻吸引着顾欢。一有空，他就来到学馆附近大柳树底下，远远地瞅着教室里的孩子们听先生讲课，羡慕。他在大柳树下一站就是半天。

一天，他想听听先生到底讲的是什么，于是便悄悄地来到后窗下，听得还挺清楚呢！只听先生讲："孔夫子说，'学而不思则罔，思而不学则殆。'这句话的意思是说，我们求学，如果只是专门诵习课文，不把事理用心思索，就要昏昧，没有进步；相反，如果只是认真思考而不用心学习书本知识，也会脑子里装满了问题而得不到解决。因此既要学习书本知识，又要认真思考问题。"老师讲得多明白呀！顾欢自己也看过《论语》，可从来也没有理解得这样清楚。

从此，顾欢迷上了学馆。没钱进学馆学习，他就在学馆的后窗下偷听先生讲课，一边听一边默记，回去就把先生讲的课文默写下来。他的记忆力特别好，听过不忘。天长日久，顾欢把《诗经》《礼记》《论语》《孟子》等课文全默写下来，并反复研读。就这样，学馆里的学生毕业时，顾欢也毕业了。

顾欢不但学到了很多知识，而且文章也写得很好，同时还学会了写诗，那时顾欢年仅十八岁。

他学习劲头很高，很勤奋。白天干活在地头休息时，他马上拿出书看。

回到家里，每到晚上，当家人都睡觉了，他仍然刻苦攻读、勤学不懈。夜读时，家里无钱买油点灯，他就想办法"燃糠自照"。

秋收的季节到了，父亲让顾欢去田里看庄稼，不让鸟雀糟蹋粮食。在田里，他听到柳树上黄雀的叫声是那样清脆委婉，抬头仔细一看，黄雀有的在树枝上跳来跳去，有的背负蓝天自由自在地飞翔，他看得入了迷，即兴作了一篇《黄雀赋》。这时成群的黄雀正尽情地啄食地里的麦子，他一点儿也没有觉察到。等他作完了诗，想起了还有看庄稼的任务时，麦田里的麦子已有不少已经成了麦秆了。他颓丧地回到家里，把事情的经过对父亲说了，父亲气得拿起烧火棍要揍他，然而当他看了顾欢写的《黄雀赋》之后，又转怒为喜。

不久，顾欢的父母相继去世，他的生活更艰苦了，然而他读书也更勤奋了。他的学问越来越渊博，远近闻名。后来他在天台山设学馆教学，闻名来求学的人很多。

当了先生之后，每当他打开书本准备给学生们讲课的时候，他就会想起童年在学馆窗外偷听先生讲课的情形，也会想起那位到现在也叫不出名字，然而却教给了自己那么多知识的先生。那位先生沉稳铿锵的语句，似乎还在他的耳畔回荡，于是他就把整个身心沉浸在书本里，也像那位老师一样语调铿锵地给学生们讲学。但每当讲到《诗经·蓼莪》时，他就想起早亡的父母，想起自己孤独的少年时代。讲着，讲着，便哽咽着讲不下去了，于是用书本掩着脸哭泣起来。从此，学生们都不让他讲《蓼莪》一篇。

顾欢在自学的同时，还拜名人为师，终于成了著名的学者，著有《三名论》等书，为后世学者所推崇。

博学求之，无不利于事也

【原文】

博学求之，无不利于事也。

——《颜氏家训》

【译文】

广泛地向杰出之士学习，没有不利于成就事业的。

书香传世

古代贤德之人认为学有专长浪重要，但博学更是难能可贵。人的一生浪短暂，要想做到博学并非易事，所以博学之人注注胜于常人，在事业方面多有所建树。

孔子曾说过："三人行必有我师焉。"圣人尚且如此虚心求学，更何况我们这些平常之辈呢？走在大街上，只要是有心人就会发现，单是从外貌上看，每个人或多或少都有优缺点，进一步窥视其内心和学识，水平更是参差不齐。但是要相信，每个人各有所长，我们要学会以他人为师，虚心学习，取长补短。

在古代，不管是务农、做工、经商、当仆人，还是钓鱼、杀猪、喂牛牧羊的人中，都有通达贤明的先辈，都有可以作为学习的榜样的人。如果能虚心向这些人学习，没有不利于成就事业的。

我们常常羡慕身边人的成就，认为如果给我们同样的机遇，自己也一定能够胜任。其实我们看到的只是表面现象。能够担当重任之人，必定学识渊博，或者在某个方面有突出的特长，才会得到别人的赏识。所以归根结底，还是要强调求学的重要性。一个通晓知识之人，如一颗熠熠发光的宝石，即使暂时被沙子埋没，但是它的光芒是任何东西都掩盖不住的。因此，我们还是要多从自身反省，不要一味地嫉妒别人身处高位、事业有成，而是要考虑怎么充实自己的才学，做到学古通今。

家风故事

郑玄求学于马融

马融和郑玄都是东汉时期的经学大师，在学术上郑玄的造诣还要高于马融，可以称得上青出于蓝而胜于蓝。

在郑玄三十三岁那年，虽然已经学富五车，但他自己却毫不满足，越学反越觉得自己的知识不够用。当他感到函谷关以东的学者已经无人再可请教的时候，便通过友人卢植离开故国，千里迢迢西入关中，拜扶风马融为师，以求进一步深造。马融是扶风茂陵（今属陕西兴平）人，为当时全国最著名的经学大师，学问十分渊博。他遍注儒家经典，使古文经学达到了成熟的境地。他的门徒上千，长年追随在身边的就有四百余人，其中优秀者亦达五十人以上。

马融教学很有个性，不太注重儒者风范，常坐高堂，施绛纱帐，前授生徒，后列女乐。而且他只亲自面授少数天赋高的高才生，其余学生则由这些高才生转相授业。

郑玄投学门下后，三年不为马融所看重，甚至一直没能见到他的面，只能听其弟子们的讲授。但郑玄并未因此而放松学习，仍旧日夜寻究诵习，毫无怠倦。有一次，马融和他的一些高足弟子在一起演算浑天（古代一种天文学）问题，遇到了疑难而不能解。有人说郑玄精于数学，于是就把他召去相见。郑玄当场很快就圆满地解决了问题，使马融与在场的弟子们都惊服不已，马融对卢植说："我和你都不如他呀！"

自此以后，马融对郑玄十分看重，郑玄也得到了马融亲自授课的机会。抓住这个难得的机遇，郑玄便把平时学习中发现而未解决的疑难问题——向马融求教，对于书中的奥旨寻微探幽，无不精研，终得百尺竿头再进一步。

郑玄在马融门下学习了七年，因父母年迈需要归养，就向马融告辞回山东故里。马融此时已经感到郑玄是个了不起的人才，甚至已经超过自己，他深有感慨地对弟子们说："郑生今去，吾道东矣！"意思是说，由他承传的儒家学术思想，一定会由于郑玄的传播而在关东发扬光大。

做学问自身努力勤奋是一方面，有名师指导是另一方面，有了名师的指点，常常会让自己在学问的海洋中如鱼得水。

就人问，求确义

【原文】

心有疑，随札记，就人问，求确义。

——《弟子规》

【译文】

心中有疑问，应随时用笔记下，一有机会立即向别人请教，以求了解其确切的意义。

书香传世

勤学好问是养精蓄锐的最好方法。然而，好问是有代价的。你在不断地向他人请教的过程中，千万不要被别人嘲弄的声音、讽刺的话语、卑鄙的评论所吓倒，这些暂时的障碍与你需要掌握的知识相比是微不足道的，只有以德报怨、虚心忍耐，才能做到厚积薄发、大气方成。

勤学好问是走向成功的重要条件，凡成功者必是勤学好问者。一个倦怠于发问的人，在事业上是不会有太大成就的。

勤学好问，既是礼的精神，也是做人的学问。然而对一般人来说，勤学似乎还比较容易做到，这方面的典型，有"凿壁偷光""囊萤映雪"，甚至"头悬梁，锥刺股"等；而好问，尤其是"不耻下问"，难度似乎较大。这不仅仅是个好不好学的问题，而且还是个牵涉自尊心、虚荣心的问题。人们的天性注注就是如此不可思议。如果自己位卑，求教于位尊者，这是比较容易叫人接受的；但是一旦反过来，以位尊求教于位卑，以能力强求教于能力弱者，以博学求教于寡识，便立即感到不光彩而耻于开口了。

所以，尽管"不耻下问"是我们经常挂在嘴边的话，但要真正实行起来却不是那么容易。但是现实告诉我们，每一个人，哪怕他是一个刚出生的婴儿，也有很多值得我们学习的地方。某一方面比别人强，绝不意味着任何方面都比别人强。"三人行，必有我师"，虚心地向每一个人学习，大胆地向"不如自己的人"请教，这才是为学的高妙之处。

家 风 故 事

樊迟学而不厌

孔子一生教过三千多个学生，而得意门生只有七十几人，樊迟就是其中的一个。樊迟谦虚好学，善于独立思考，在学习中遇到不懂的问题就向老师请教，有时还向同学请教，一定非要把这个问题弄懂了不可。

一次樊迟随着孔子闲游，来到一个祈天的祭坛底下。望着高高的祭坛，他不由问道："一个人的品德修养怎样才能积得深厚呢？而人们的隐私怎样才能治得下去？受了私心的迷惑又怎样才能辨别呢？"孔子直点头，连连夸奖他的问题提得好。

"仁"是孔子倡导的儒家学说的核心。这个问题涵盖性强、抽象、不易理解。樊迟也为这个问题苦恼。有一次，樊迟问孔子："什么是'仁'呢？"孔子回答说："仁，就是爱抚众人。"樊迟又问："那么'知'呢？"孔子回答说："就是善于识别人的善恶。"樊迟还是不能理解，就请老师再做进一步的解释。

孔子打个比方说："从政治方面谈，如果举贤任能，任用正直的有德有才的人而不任用那些无才无德的奸邪的人，那些奸邪的人就会向正直的人学习而变成好人，这就是'知'啊！"樊迟还是觉得不能深刻理解孔子话的含义。因为没有彻底弄通这个问题，他心里总是感到不踏实。

有一天，他见到了子夏，子夏是他的同学，在孔子的学生中是个佼佼者。樊迟在与子夏交谈的过程中，又把"知"这个问题提了出来。

　　他对子夏说："前几天我见到了老师，我问'知是什么意思？'老师说'如果任用正直的贤德的人，那些奸邪的人就会变得正直起来'，这是什么意思呢？"

　　子夏说："这方面的事例多得很呢！譬如说，舜做天子的时候，在众人之中把正直贤德的皋陶提拔起来做宰相执政；商汤做天子的时候，就把正直贤德的伊尹提拔起来做宰相执政。人们都学习他们的良好品德，结果国家治理得很好，这不就是老师说的'善于识别人的善恶'吗？而善于识别人的善恶，又能任用正直贤德的人，这不就是虞舜与商汤的智慧吗？"樊迟这才真正地明白了。

　　樊迟这种谦虚好学、打破砂锅问到底的精神，千古以来成为学界的佳话。

谦虚地向别人学习

【原文】

　　夫学者所以求益耳。见人读数十卷书，便自高大，凌忽长者，轻慢同列；人疾之如仇敌，恶之如鸱枭。如此以学自损，不如无学也。

——《颜氏家训》

【译文】

　　人们学习的目的是为了有所收获、有所提高。我看见有的人读了几十卷书，就自高自大起来，冒犯长者，轻慢同辈。人们憎恶这种人像对仇敌一般，厌恶他像对鸱枭一般。像这样用学习来损害自己，还不如不要学习。

书香传世

生活中，那些饱读诗书之人对待求学的态度往往谦虚；反之，那些所学不多，知其然不知其所以然的求学之人，往往态度傲慢。

世间的事情往往就是这样，其损益往往在不知不觉当中。古代先贤，求学是为了充实自己，以弥补自身的不足，进而推行自己的主张以造福社会；而现代不少人求学则是为了谋求官位，或者当作向别人炫耀的资本而已。两种截然相反的态度，折射出不同境界的人生观、价值观。

学习使人进步，任何人都不能否认它的正确性。做个虚心学习的人，才能使自己在社会上立稳脚跟。只要我们寻找，生活中到处都有学问，每个人都有值得我们学习的地方。

向他人学习和借鉴从而完善自我，这是每个人一生都应该做的事情，这样自己才会更完美、更成功。

家风故事

华佗学医虚心求学

华佗是汉代著名医学家。他精通内、外、妇、儿、针灸各科，其中尤为擅长外科。

华佗成了名医以后，来找他看病的人很多。

一天，来了一个年轻人，请华佗给他看病，华佗看了看说："你得的是头风病，药倒是有，只是没有药引子。"

"得用什么药做药引子呢？"

"生人脑子。"病人一听，吓了一跳，心想上哪儿去找生人脑子呢？只好失望地回家了。

过了些日子，这个年轻人又找了位老医生，老医生问他："你找人看过吗？"

"我找华佗看过，他说要生人脑子做药引子，我没办法，只好不治了。"

老医生哈哈大笑，说："用不着找生人脑子，去找十个旧草帽，煎汤喝就行了。记住，一定要是人们戴过多年的草帽才管用。"

年轻人照着去做，果然药到病除。

有一天，华佗又碰到这个年轻人，见他生龙活虎一般，不像有病的样子，于是就问："你的头风病好啦？"

"是啊，多亏一位老先生给我治好了。"

华佗详细地打听了治疗经过，非常敬佩那位老医生。他想向老医生请教，把他的经验学来。他知道，如果老医生知道他是华佗，肯定不会收他为徒，于是他装扮成一名普通人的模样，跟那位医生学了三年徒。

一天，老师外出了，华佗同师弟在家里拣药，这时门外来了一位肚子大得像箩、腿粗得像斗的病人。病人听说这儿有名医，便跑来求治。

老师不在家，徒弟不敢随便接待，就叫病人改天再来。病人苦苦哀求道："求求先生，给我治一下吧！我家离这儿很远，来一趟不容易。"

这时，华佗见病人病得很重，不能迟延，就说："我来给你治。"说着，拿出二两砒霜交给病人说："这是二两砒霜，分两次吃。可不能一次全吃了啊！"

病人接药，连声感谢。

病人走后，师弟埋怨道："砒霜是毒药，吃死了人怎么办？"

"这人得的是鼓胀病，必须以毒攻毒。"

"治死了谁担当得起？"

华佗笑着说："不会的，出了事我担着。"

那个病人拿药出了村，正巧碰上老医生回来了，病人便走上前求治。老医生一看，说道："你这病容易治，买二两砒霜，分两次吃，一次吃有危险，快回去吧！"

病人一听，说："二两砒霜，你徒弟拿给我了，他也叫我分两次吃。"

老医生接过药一看，果然上面写得清楚，心想："我这个药方除了护国寺老道人和华佗，还有谁知道呢？我没有传给徒弟呀！"

回到家里，问两个徒弟："刚才大肚子病人的药是谁开的？"

徒弟指着华佗说："是师兄。我说这药有毒，他不听，逞能。"

华佗不慌不忙地说："师傅，这病人得的是鼓胀病，用砒霜以毒攻毒，病人吃了有益无害。"

"这是谁告诉你的?"

"护国寺老道人,我在那儿学了几年。"

老医生这才明白过来,他就是华佗,连忙说:"华佗啊!你怎么到我这儿来当学徒啊!"

华佗只好说出求学的理由。

老医生听完华佗的话,一把抓住他的手说:"你已经声名远扬了,还到我这穷乡僻壤来吃苦,真对不起你呀!"

老医生当即把治头风病的单方告诉了华佗。

虚心使人进步,骄傲使人落后。一个人在生活中放低姿态,仰视别人,认真观察和学习对方的优点,才能以人之长,补己之短,不断增长自己的才干。

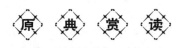

三人行,必有我师焉

原 典 赏 读

【原文】

子曰:三人行,必有我师焉。

——《论语·述而》

【译文】

孔子说:"三个人同行,其中必定有我可以学习的,我要选取他们的优点学习。"

书香传世

虚心好学是正确的求学态度。不光思想家、教育家孔子谦虚好学，古往今来，对人类社会的发展做出巨大贡献的科学家，也都是谦虚的楷模。科学巨匠牛顿在力学上做出了重大的贡献，但他却从未有过一丝骄傲。他曾说："我不过就像是一个在海滨玩耍的小孩，发现了一片比寻常更为美丽的贝壳而已。而对于展现在我面前浩瀚的真理海洋，却全然没有发现。"

谦虚是一种美德，也是一种好学的表现。只有谦虚的人，才能经常发现自己的不足，使自己在学习中获得更多的知识。

家风故事

叶天士拜师成神医

叶天士是清朝著名的医学家，也是我国猩红热病的最早发现者和治愈者。

他的医术之所以高明，就在于他永不满足，时时求教。只要他听说某位医生善治什么病，便千方百计地前去拜师。据说，在他一生中，仅正式拜过师的，就有十七位之多，从而使他采诸家之长，补自身之短，医术不断得到提高，被世人誉为"神医"。

本文所述的"化名拜师"，就是他最初拜师求教的故事。

叶天士，名桂，字天士，号香岩，江苏吴县人。公元1667年出生在一个医学世家，他的祖父、父亲，都是当地很有名的医生。

在祖父和父亲的影响下，他自幼喜读医学书籍。可是他的父亲却硬要他读经书，以便将来考个一官半职光耀门庭。叶天士犟不过父亲，又不愿放弃自己的爱好，只好把经书放在医书的上边，表面上读经书，暗地里看医书。由于他总怕父亲发现他私下看医书，心中不踏实，所以，既没有读好经书，也没有读好医书。后来，这件事被他的祖父发现了，便和他的父亲商议："将来能做官固然好，但我们祖传的医学也不能丢，还是不要强他所难，弄得一事无成吧！"商议的结果是，叶天士白天主要攻读经书，晚上则读医书。

叶天士解放了思想，不但读医书认真，对经书的学习也很刻苦。他七岁去私塾读书，两年后在班里就成了佼佼者；而在医学方面，他先后读完了东汉张仲景的《伤寒杂病论》和隋唐时期孙思邈的《千金翼方》。在祖父和父亲为人治病的时候，只要他在家，必然现场观察，而且常常是从看五官、切经脉，直到开药方、配药，跟踪全过程。时间一久，他便积累了不少医学知识。

公元1681年，叶天士的父亲去世，他在祖父和父亲门人的鼓励下，毅然放弃读书，鼓起勇气，正式挂牌行起医来。这年，他才十四岁。

叶天士挂牌行医后，在祖父及父亲门人的支持下，学习更加刻苦，看病十分仔细。往往为了一个病人，他在开处方之后，还会进行跟踪治疗，对药量的多少、药效的反应，不断摸索、探讨。一年后，凡经他看过的病人，痊愈者十之八九，当地人都称赞他的医术超过了他的父亲，他的名气也越来越大。到十六岁的时候，他已经成了闻名江南的名医了。

有一天，有一个在苏州做生意的江西人患了风寒症，上门求他治疗。叶天士看过后，给他开了两服药。但就在这时，那商人偶然咳嗽了两声，叶天士听了感到吃惊，便看了看他的舌苔，切了脉，十分同情地对他说："你患有肺病，现在已到了晚期，我才疏学浅，无法医治，希望你赶快回去，迅速寻求高人医治，否则就迟了，就是神医也无能为力了。"

那商人知道叶天士很有名望，说话不会错，便失魂落魄地回到店铺，把商品削价处理掉，简单收拾了一下行装，便起程赶回江西。

那商人一边赶路，一边寻医治病。但是，一个个医生看过后，均摇头叹息，束手无策。

且说这一日，那商人带着绝望的神态来到镇江，路过金山寺，忽有一位老和尚对他说："请问施主，我看你身有重病，为何还在此闲逛？快快求医治病去吧！"

商人听了，长叹一声说："师父说得不错，我患的是肺病，已到晚期，一路上寻求高明，都说不可救药了！"

那老和尚听了，随便找了个地方，让那商人坐下，一边切脉，一边问道："最初是谁给你看的？"

商人说："江南名医叶天士。"

老和尚又说："叶天士诊断果然不差，你的病的确已经到了晚期。这在

第三章 求学：他山之石可攻玉

一般人说来，确实无可救药，可就脉相而言，由于你的身体素质好，可能还是有救的。"

商人闻言，扑通跪在地上说："我家有妻儿老小，万望师傅救我性命！"

老和尚便开了个方子，交给他说："现在正值八九月份，生梨已经上市，你买上两筐，带在身边，口干了吃，肚子饿了也吃。等你回到家中，梨也就吃个差不多了，然后再按此方，吃上几服药就没事了。"

商人按着老和尚的方法做后，过了不久，病就好了。他在去金山寺向老和尚表示感谢的同时，又专程来到苏州，感谢叶天士的提醒。

叶天士知道后，立即让人把牌子暂时收起，背起药箱，隐姓埋名，步行数百里来到金山寺，请老和尚收他为徒。老和尚见他求学心切，拜师心诚，便同意收他为徒。

三年后，老和尚弄清了叶天士的身份，再不敢和他以师徒相称。可叶天士却一直尊称老和尚为师父。老和尚被叶天士的虚心好学精神深深感动，随后把自己一生的经验和秘方，全部传授给了他。

兢业之心思，潇洒之趣味

【原文】

学者有段兢业的心思，又要有段潇洒的趣味。若一味敛束清苦，是有秋杀无春生，何以发育万物？

——《菜根谭》

【译文】

求学的人既要有谨慎小心的态度、刻苦研究的精神，又要有潇洒不俗的兴趣爱好。如果只知道约束自己、刻苦求学，使自己过着极其清苦的生活，那么生活就像只有秋天的清冷却没有春天的生机，这样怎么能培育万物呢？

书香传世

在学习过程中，刻苦努力是必要的，同时也需要懂得自我调剂，培养一些健康的兴趣爱好来放松身心。对于求学的人来说，必须有兢兢业业、不怕吃苦、小心谨慎的学习态度。认真细致是做学问必须具有的素质，粗心大意是学习的大忌。曾经发生过这样的事情：一个小数点的错误造成一场大的事故发生；一个数据的失误，导致所有的研究都要重新做起。严谨的治学态度、认真的求学精神，都是取得成功必须具备的基本素质。

在刻苦学习研究的同时，学者也需要适当放松。如果只知道刻苦用功，那么生活就过于清苦了，这对于学者的创造力发挥也是不利的。在现代社会中，只知道读书，不会做事情，就会变成一个书呆子，无法适应现代社会的发展。古往今来许多有成就的学者，并不是只懂得钻研学问，在一定程度上他们也是很会生活的人。

家风故事

承宫学习的故事

承宫是汉朝一位造诣很深的著名学者，他是当时青年人学习的楷模。

承宫从小家里就十分贫穷，没吃过饱饭，没穿过暖衣，一直过着节衣缩食的生活，但他非常爱学习。七岁那年，看到朝夕相处的小伙伴们一个个穿着新衣，背着书包高高兴兴进学堂去念书，他羡慕极了，他多么想像他们一样去学堂念书呀！而他家里没有钱供他读书，小小年纪就得替人家放猪。无论是严寒的冬天还是酷暑的夏天，他都得赶着一群猪往山上走。每每放猪的时候路过学堂，看到昔日的同伴神气活现地走进学堂，听到他们琅琅的读书声，他多么向往上学的生活呀！他怕父母伤心，常常自己晚上蒙着被子痛哭。读书多好，读书能知道很多很多的事呀！随着时间的推移，这种求学的愿望越来越强烈，他想尽一切办法，有意绕道去学堂，听一听他们读书的声音。

一天，村里传来一个好消息，同村一位有学问、有地位的学者徐子盛先生开办了一所乡村学堂，这里收费低、离家近，又有许多孩子能在这里读书了。对别的孩子来说这是一件喜事，而对承宫来说却又是一次打击——就是这么一点点学费承宫也交不起呀！学堂离承宫家很近，也是承宫每天放猪必经的地方。开始他走到学堂门口不敢停下脚步，恐怕人家把他赶走，更不敢停下来听他们读书。可那琅琅的读书声像吸铁石一样，把他的双腿紧紧定在那里，他出神地听着里面的读书声，听着先生娓娓动听的讲解，像听一首美妙的乐曲，他陶醉了，把放猪的事忘得一干二净。他越听越觉得有意思，越听越感到书中有那么多美好的事情。正听得着迷，主人正好从这里路过，发现承宫站在这里听课，没去放猪，气得眼睛都红了，一步蹿上来，揪着承宫的耳朵就使劲拧，抡圆了胳膊啪啪地打承宫。承宫不住地承认错误，主人还是不依不饶，又是骂又是踹，打得承宫哭喊不停。撕心裂肺的哭喊声惊动了正在学堂内讲课的徐子盛先生，他闻声三步并作两步跑了出来，向主人询问事情的经过。主人余怒未消，气哼哼地把事情原原本本地说了一遍，徐子盛听后，对主人和蔼地说："这样爱学习的孩子多好呀！怎能因为他听课，而像打盗贼一样打他呢？正好我这缺个打杂的，就让他到我这里干活吧！"主人听了先生的话，垂着头也不好说什么了。承宫听后高兴极了，恨不得跳起来，他连连给徐先生鞠躬道谢。从此，承宫可以在学堂读书了。

　　承宫很勤快，天刚蒙蒙亮，他就起来，把学堂的里里外外打扫得干干净净，桌椅摆得也整整齐齐。学堂的活干完后，他又上山砍柴，帮着徐先生把火生好，还帮其他学生做杂活。活全干完后，他就拿起书，跟着先生高声朗读。徐先生看他爱劳动，又爱学习，打心眼里喜欢他，一有时间就给他讲书。承宫听得津津有味，常常向徐先生提出不懂的问题，徐先生总是耐心地给他讲解，承宫学业进步很快。

　　在向徐先生求学的几年里，承宫读遍了徐先生的所有藏书，在班里的学习总是第一名。同学们都很佩服他，有问题就向他请教，他总是耐心地给同学们讲授。承宫学习好又爱帮助同学，在同学中的威信很高。通过几年的学习，他的文章有了惊人的进步，文笔传神、辞藻华丽、情景交融，大家都争着读他的文章。长大后，他的文章更被人争相传阅，很多学生都慕名投奔他的门下，向他请教学习、写文章的诀窍。

承宫从一个猪倌成了一名远近闻名的学者，这与他勤奋求学是分不开的，他是青年人学习的榜样。

道随人接引

【原文】

道是一件公众的物事，当随人而接引；学是一个寻常的家饭，当随事而警惕。

——《菜根谭》

【译文】

各种道理是社会公众的事情，因此应随着人去引导；学习就如人每天都要吃平常饭菜那样普遍，应随时随地加以留心警惕。

书香传世

人生中各种道理，是社会大众的事情，因此需要有人指引。在与别人的交流中能够加深自己对各种道理的认识。如果能遇到一位好的老师，对于人生中的各种道理有时候一下子就有豁然开朗的感觉。

道理需要在与人交流中掌握，一位好的老师，就好比黑夜中照明的火炬，能引导人走向光明的道路。学习就像是每天都要吃饭一样，随时随地，在每一件事情中都能有所学习。知识是靠不断地积累获得的，而不是一下子就能取得的。在每一天的日常生活中，都能有所收获、有所学习，这样积累起来定能有所收获。

第三章 求学：他山之石可攻玉

家 风 故 事

赵云拜师

赵云，字子龙，常山真定（今河北正定）人，是三国时期刘备属下一位著名将领，以在当阳长坂坡救阿斗的忠勇行为而扬名，刘备称他"一身都是胆"。历任翊军将军、中护军、征南将军等职，封永昌亭侯。

赵云小的时候，有一个拜师学艺的故事。

赵云自幼丧父，家中贫寒，全靠母亲纺纱织布维持生活。父亲去世前，赵云也读过书，学过字，但他最喜欢的还是舞枪弄棒。每当有艺人来到村中表演，他便去看，回家就练。每每听说哪个村中有会武术的，他便登门求教，然后自己苦练。久而久之，他到十岁左右的时候，虽然不懂系统的武术套路，但也掌握了不少武功招数。

有一天，他正在门口练习，忽有一位童颜鹤发的老道路过，被他刻苦练武的精神所感动，便停下观看，看到好处，也不由得拍手叫起好来。

这一叫好，赵云便停了下来，他看出老人是个内行，便上前施礼问道："道长，您会武功吗？如会，就请您教我两招吧！"

老道长见赵云对学武功如饥似渴，便笑着对他道："孩子，很抱歉，我不会武功。不过，我却认识一位武林高手，你若经他指点，保准能学到天下第一流的武功！"

赵云一听大喜，急问道："请问道长，这位高人现在何处？我一定前往拜师求教。"

老人说："离这里很远，你这么小的年龄，怎么能去得了？"

赵云说："不怕，再远也不怕。我一个月走不到，就走两个月，两个月走不到，就走三个月，或者一年，甚至两年，一直走到为止。"

老人见他决心如此之大，就对他说："那好，我告诉你，此人就是太行山玄武洞的玄真道长，你就去拜他为师吧！"

赵云听后，立即回到家中告诉了母亲。母亲因他年龄尚小，开始不同意他去。后见他主意已定，再三央求，也就不再阻拦，给他做了些干粮，还让他带上盘缠，便送他上路了。

　　一路上，赵云风餐露宿，饿了啃干粮，渴了喝泉水，困了睡在破庙里、小路边。鞋子磨破了，脚上起了很多血疱，走路一拐一拐的，但他从不叫苦，也不喊累。不久，干粮吃光了，盘缠花完了，他便沿途乞讨，继续前行。

　　就这样，经过千辛万苦，赵云一直走了七七四十九天，终于来到了太行山玄武洞。

　　可是，当他来到玄武洞后，只见洞门大开，却不见人影，急得他高声喊道："玄真道长，您在哪里？赵云求您收做徒弟来了！"

　　但是，回答他的，只有山间回响。

　　赵云此时又饿又累，加之连日奔波，又见没人应声，便在洞门口蹲了下来，准备休息一会儿再说。不料，他这一蹲，竟在山洞门口睡着了。

　　赵云也不知睡了多长时间，当他醒来的时候，已经躺在洞中的一个床上了。他忽然发现，他身旁坐着一位道长，正是在自家门口遇到的那位老人，不由得惊喜万分，赶紧下床跪倒在地说："道长，就请您收我为徒吧！"

　　玄真道长说："孩子，你经过千难万险，来到这里，我一定会教你武功的。不过，你先休息几天再说吧！"

　　赵云着急地说："师父，我不累，您现在就教我吧！"

　　道长见赵云学武心切，不忍再拒绝，便答应了他。

　　从此，赵云在玄真道长的精心教导下，勤学苦练，从不懈怠。两年后，他终于练就了一身武艺，后来投靠刘备，成了三国时期一位著名的战将。

第二章

求学：他山之石可攻玉

一苦一乐相磨炼

【原文】

一苦一乐相磨炼，炼极而成福者，其福始久：一疑一信相参勘，勘极而成知者，其知始真。

——《菜根谭》

【译文】

在苦难与快乐中磨炼，通过长久的磨炼得来的幸福才能长久；怀疑与相信相互参照着考察问题，通过反复考察得来的认识才是真正的学问。

书 香 传 世

苦难与快乐的反复磨炼，能够使人成长，使人增长才干，也使人明白幸福生活来之不易，从而更懂得珍惜。中国历史上一些明君和良相贤臣，其中有很多都经历了苦难磨炼。从安逸生活到清苦生活，从清苦环境再到显贵环境，在这些转化过程中，他们饱尝了人世间的冷暖滋味，对人生有了更深刻的认识。当他们获得某些机会时，就会牢牢抓住，取得成功。

在求学的道路上也是一样，虽然很苦，但最后的收获有可能是甜美的果实。

吴昌硕的求学之路

吴昌硕原名俊，字昌硕，别号"缶庐""苦铁"等，汉族，浙江安吉人。吴昌硕是我国近现代书画艺术发展过渡时期的关键人物，"诗、书、画、印"四绝的一代宗师，晚清民国时期著名国画家、书法家、篆刻家，与任伯年、赵之谦、虚谷齐名为"清末海派四大家"。

吴昌硕幼年跟着父亲辛甲学习篆刻书法。他的篆刻，从浙皖诸家入手，上溯秦汉，多取石鼓、封泥及砖瓦文字，得力于书法功底，善用钝刀，冲切兼施、苍劲朴茂，自成家数。他曾被推举为西泠印社社长。

"宝剑锋从磨砺出，梅花香自苦寒来。"篆刻刀这支铁笔，使吴昌硕吃了不少苦头。为此，他给自己取了个别号——苦铁。他之所以能成为近代篆刻界的一代宗师，是因为他在篆刻事业上锲而不舍，勤学苦练。

成名前，他买不起更多的石料，曾经一度在方砖上练刀功。当时，他被苏州知府吴云聘请为家庭教师，教吴云的两个儿子读书。大约过了两年的时间，吴云才有暇过问两个儿子的学习情况，他问儿子："你们的先生除了教书外，还做些什么事情？"儿子告诉他："吴先生不教课的时候，总是刻东西，我们看不懂。"吴云想看个究竟，就悄悄来到吴昌硕住的屋子。一进门，他看到吴昌硕正伏案在方砖上刻字，墙角堆满了刻过的方砖。吴云本人也喜好篆刻，见到吴昌硕刻字，心里格外高兴，就问吴昌硕："你篆刻，怎么不用石料？"吴昌硕被这突如其来的提问弄得面红耳赤，他不好意思地回答说："没有那么多钱。"吴云看着吴昌硕布满疤痕的双手，感动地说："在方砖上练，精神可嘉，最好还是在石料上练。我有不少石料，如不嫌弃，就送你一些。"吴昌硕非常感激。他不放过任何学习的机会，于是又向吴云请教了许多篆刻方面的知识。吴云见他如此好学，当场给他讲了一些篆刻的技法，并鼓励他要勤于练习。不一会儿，吴云给吴昌硕送来了一堆石料，还借给他一些篆刻的书籍，其中包括吴云自

已编纂的《两罍轩彝器图释》。

在吴云的热心指导下，吴昌硕更加勤奋刻苦，篆刻技艺青出于蓝，誉满华夏。可见博学多来源于勤奋忘我的劳动，只要我们在学习上舍得花一点功夫，就必定能够用辛勤劳动的汗水和智慧浇开芳香的理想之花，获得真才实学。

第四章

勤学：书山有路勤为径

寒窗苦读、凌云壮志，在中华五千年的历史长河中有无数的英杰努力学习，不畏艰难，不肯松懈，最终成为于国于家的有用之人。我们要弘扬他们勤学刻苦的精神，活到老学到老。

学习中华勤劳精神

【原文】

不稼不穑，胡取禾三百廛兮？不狩不猎，胡瞻尔庭有县貆兮？彼君子兮，不素餐兮。

——《诗经·魏风·伐檀》

【译文】

不耕种，不参加收获，凭什么拿走庄稼三百束？不拿弓箭，不狩猎，凭什么庭院里悬挂猎物？那些君子老爷们啊，不都是白白吃闲饭不劳而获的吗！

书香传世

勤于劳动，是人生最高尚的精神。只有付出辛勤的劳动，才能创造出物质财富和精神财富，满足人们的生活需要，使人类生生不息。劳动也改造了劳动者自身，在劳动的践行中，积累了经验，获得了对自然和生产实践规律性的认识，使劳动者更加聪明智慧，增强了改造世界的自觉性和创造性。

辛勤劳动，是中华民族的优良传统，它创造了中华民族的繁荣昌盛。中华民族是一个勤劳的民族，史书上记载了许多可歌可泣的有关勤劳的故事，被后人所传颂。其中，有"克勤于邦，克俭于家"的禹，他率众辛劳治水十余年，三过家门而不入，整治了茫茫洪水，拯救了人民的生命财产，被后人誉称为"大禹"。战国秦昭王时，蜀郡守李冰率领百姓，在岷江上兴建了都江堰，水旱从人，使汹涌的岷江之水，化险为夷，变害为利，灌溉农田。后人没有忘记他的辛勤劳动，为他修建寺庙，以表纪念。

中华民族无数先贤的勤劳精神感召着后人，激励着后人发奋图强、勤奋不息，使中华民族得以不断进步和发展。

家风故事

勤奋造就的"打工皇后"

吴士宏从一个"毫无生气甚至满足不了温饱的护士职业"（吴士宏语），先后当上 IBM 华南区的总经理，微软中国总经理，TCL 集团常务董事、副总裁，靠的就是一种不断超越自己的勤奋进取的精神。

吴士宏曾经是北京一家医院的普通护士。用吴士宏自己的话说，那时的她除了自卑地活着，一无所有。她自学高考英语专科，在她还差一年毕业时，她看到报纸上 IBM 公司在招聘，于是通过外企服务公司准备应聘该公司。在此之前，外企服务公司向 IBM 推荐过好多人但都没有被聘用，吴士宏虽然没有高学历，也没有外企工作的资历，但她有一个信念，那就是"绝不允许别人把我拦在任何门外"，结果她被聘用了。

据她回忆，1985 年，她为了离开原来毫无生气甚至满足不了温饱的护士职业，凭着一台收音机，花了一年半时间学完了三年的英语课程。正好此时 IBM 公司招聘员工，于是吴士宏鼓足勇气，走进了世界最大的信息产业公司 IBM 公司的北京办事处。

IBM 公司的面试十分严格，但吴士宏都顺利通过了。到了面试即将结束的时候，主考官问她会不会打字，她条件反射地说："会！""那么，你一分钟能打多少？""您的要求是多少？"主考官说了一个标准，吴士宏马上承诺说："可以。"因为她环视四周，发觉考场里没有一台打字机。果然，主考官说下次再加试打字。

实际上吴士宏从未摸过打字机。面试一结束，吴士宏飞也似的跑回去，向亲友借了一百七十元买了一台打字机，没日没夜地敲打了一星期，双手疲乏得连吃饭都拿不住筷子，竟奇迹般地达到了专业打字员的水平。之后用了好几个月，她才还清了这笔对她来说不小的债务，而 IBM 公司却一直没有考她的打字水平。

第四章 勤学：书山有路勤为径

靠着这种不断超越自我的勤奋精神，吴士宏顺利地迈入了 IBM 公司的大门。进入 IBM 公司的吴士宏不甘心只做一名普通员工，因此，她每天比别人多花六个小时用于工作和学习。于是在同一批聘用者中，吴士宏第一个做了业务代表。接着，勤奋的付出又使她成为第一批本土的经理，然后又成为第一批去美国本部作战略研究的人。最后，吴士宏又成为第一个 IBM 华南区的总经理。这些都是多付出的回报。

1998 年 2 月 18 日，吴士宏被任命为微软（中国）有限公司总经理，全权负责包括香港在内的微软中国区业务。据说为争取她加盟微软，国际猎头公司和微软公司做了长达半年之久的艰苦努力。吴士宏在微软仅仅用了七个月的时间就完成了全年销售额的 130%。在中国信息产业界，吴士宏创下了几项第一：她是第一个成为跨国信息产业公司中国区总经理的内地人，她是唯一一个在如此高位上的女性，她是唯一一个只有初中文凭和成人高考英语大专文凭的总经理。在中国经理人中，吴士宏被尊为"打工皇后"。

那些生性懒惰的人不可能在社会生活中成为一个成功者，他们永远是失败者，因为成功只会光顾那些辛勤劳动的人们。懒惰是一种恶劣而卑鄙的精神重负。人们一旦背上了懒惰这个包袱，就只会整天怨天尤人、精神沮丧、无所事事，这种人完全是无用的。

然而对于学习上的尖子、生活中的强者、各个领域的明星人物，我们会情不自禁地问自己："为什么他们能够取得如此大的成绩，而我却总是这样平平庸庸地生活呢？"因为他们都拥有勤奋的精神，正是这种不断超越自我的勤奋精神，成就了他们的辉煌。

明王圣帝，犹须勤学

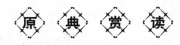

【原文】

自古明王圣帝犹须勤学，况凡庶乎！

——《颜氏家训》

【译文】

自古以来，那些圣明帝王尚且要勤奋学习，何况普通百姓呢！

书香传世

无论世事如何变幻，具有真才实学、勤奋苦读之人，必能谋得生路、自强自立，甚至功成名就，开创一番伟业。在古代，士大夫的子弟，没几岁就开始接受教育，多的读到《礼记》《左传》，少的也读完了《诗经》和《论语》。等到他们成年以后，气质性情逐渐成形。趁这个时候要对他们多加教诲。那些有志气的人，就能经历磨炼，成就一番大事业；那些没有操守的人，从此懒散懈怠起来，就成了平庸之辈。所以要想成就一番事业，千万不可以有丝毫的懈怠。勤学苦读是必不可少的。

我们应该向古代的先贤学习，学习他们刻苦研读，勤学好问的精神，虽然那些先人已经逝去，但是他们因勤学苦读为后代留下的精神财富永远不会消失。

083

第四章 勤学：书山有路勤为径

家 风 故 事

勤奋好学的宋应星

宋应星是明朝著名的科学家，他的巨著《天工开物》是我国科学史上的一笔宝贵财富。

宋应星出生于明万历十五年（公元 1587 年），父亲已四十多岁，对他百般呵护，祖母更把他视为掌上明珠，对他宠爱有加。小应星的母亲是个识大体、有学识的大家闺秀，从小对他严加管教。母亲除了抚养宋应星哥俩外，还要操持家务，家中里里外外母亲都要张罗。宋应星看到母亲十分劳累，从小就帮着干活，打扫房间、做饭、挑水、养蚕、纺线，凡是他能做的，都主动去做。母亲的善良、勤劳、聪慧给他留下了深刻的印象。

宋应星看到母亲编织的物品非常精致，便求母亲教他。母亲耐心地告诉他编织的要领，他边学边问，一件件作品从他手中一一诞生。大凡家人从外面买来的手工制品和工艺品，他都要拆开来看看，边拆边琢磨怎样进行改进，要么左右的位置换一换，要么中间加点小饰品。有的物品原理比较复杂，他就先把原理搞清楚，然后再加进一些自己的想法，最后进行组装，经他加工过的东西，总是那么实用、美观，家人都夸他手巧、善于动脑。

宋应星还非常喜欢读书，他有个叔祖父在家乡开了个学馆。他没事就往叔祖父家跑，由于渴望了解更多的东西，就经常缠着叔祖父给他讲故事。叔祖父绘声绘色的讲述，深深地打动着他。他看到叔祖父家有许多藏书，就忍不住翻看起来，叔祖父看他那么爱读书，就让他拿回家读，他欣喜若狂，回到家就读起来。吃饭了，母亲叫他几次，他只答应，但不见人来，母亲只好亲自把他拉上桌。吃完饭他又捧起书读，边读边做摘录，遇到不懂的问题，他就记下来第二天去问叔祖父。叔祖父看他这样虚心好学，非常喜欢他，常常给他讲解，还推荐一些书，很快他就把叔祖父家的书全读遍了，并懂得了许多做人的道理和历史典故。

宋应星十分佩服有学问的人，他的叔叔宋国祚多才多艺、知识渊博，十几岁写出的诗文，在当地无人可比。宋应星非常佩服他，经常向他请教问题。叔叔给他讲解诗歌的写法，解答他不理解的问题，他从叔叔那里也学到了不少知识。宋应星聪明过人、博闻强记，凡是叔叔给他讲的，他都牢记在心。叔叔看他这样好学，就建议他父母送他到私塾去读书，父母听从了叔叔的建议。私塾先生规定，每天要读七篇新课文，并要背下来。同学放学回家，早把先生的要求抛到了九霄云外；而宋应星回到家里，放下书包就开始背书，一遍又一遍，直到背得熟练为止。第二天，先生检查背诵，有很多同学都没背过，先生气得大发雷霆，吓得同学连大气也不敢出，轮到宋应星时，他慢慢地站起来，流利准确地背起来，先生越听越高兴，手摸着胡子不住地点头。宋应星上课听讲专注，随着先生的思路不停地思考，下课虚心向先生请教。回到家，他及时复习当天读过的内容，还要预习第二天要学的知识。几年过去了，他的成绩斐然，大家都夸他是个小神童。

宋应星的天赋极高，无论走到哪里，夸奖他的声音都不绝于耳，但他从不骄傲自满，而是更加刻苦学习。他读诸子百家、诗词歌赋、阴阳遁甲、百工农技，对琴棋书画都有涉猎。稍大一点，他与万时华、徐世溥、廖邦英等人同窗共读。从他们那里，宋应星又学到了不少知识，他的视野越来越开阔。科考成功后，他外出游历，足迹踏遍祖国的山山水水，江西、湖北、河北、安徽等地是他常去之地。每到一处，他都要去拜访民间工匠、艺人，了解民间的传统工艺，做详细的记录；观看艺人的表演，向他们请教表演的一招一式。他在游历中还收集了大量的农业和手工业生产技术资料，农产品的品种、生长期，需要什么样的气候、土壤才会生长，手工艺品制作过程，材料、工艺等，他都进行考察，积累了大量的资料。通过游历，他明白了科学能给社会带来进步，遂用十年时间写出了农业和手工业科技文献《天工开物》，详尽记载和总结了农业、蚕麻、水利、开矿、冶金、造纸、建筑等领域生产技术的卓越成就，被人称为是一部关于我国古代工农业生产技术的百科全书。宋应星为我国古代科技的发展做出了不可磨灭的贡献，并在世界科技史上占有重要地位。

宋应星取得的成绩，来源于他坚实的知识积累，没有广博的知识做基础，他的成功就会成为天方夜谭。宋应星利用十年的时间完成巨著《天工开物》，说明我们每个人只要肯下功夫，勤奋好学，刻苦努力，就一定会取得好的成绩。一个人如果下决心做成某件事，那么，他就会凭借意识的

第四章　勤学：书山有路勤为径

驱动和潜意识的力量，跨越前进道路上的重重障碍，成功也就有了切实可靠的保证。

梅花香自苦寒来

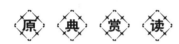

【原文】

不经一番寒彻骨，怎得梅花扑鼻香。

——唐·黄檗禅师《上堂开示颂》

【译文】

梅花如果不是经过一番彻骨严寒的考验，怎么会有扑鼻的芳香！喻指人只有经过一番艰苦的磨炼，才能有所成就。

书 香 传 世

学习首先要有吃苦耐劳的精神，要勤奋上进、勇于进取，不要把学习看成一件苦差事，要乐观地对待它。因为只有这样，我们才能实现自己的目标，在追逐梦想的舞台上一显身手。在学习的道路上我们只有勤奋踏实地将一点一滴的知识掌握，才能最终走向成功。若是连学都不想学，不肯付出自己的劳动，怎么会学懂知识，掌握知识，又怎么会品学兼优，出类拔萃呢？一分耕耘一分收获。只有在耕耘的时候付出辛勤的劳动，收获的时候才会成果丰硕。人生能有几回搏，此时不搏何时搏？所谓"黑发不知勤学早，白首方悔读书迟"，就是这个道理。有了辛勤的劳动，我们才会有成果，不劳而获的事情是不存在的。

梅花香自苦寒来

评剧是流传于我国北方的一个戏曲剧种，是全国五大戏曲剧种之一。

在评剧史上，有两个美丽的名字——白玉霜和小白玉霜。白玉霜是"白派"艺术的开创者，小白玉霜是"白派"艺术的继承者和发扬光大者。她们都是出身贫寒的苦孩子，经过千辛万苦才成就了自己的艺术地位。

在有的历史资料上，白玉霜的老家被写为冀东古冶。实际上，她是一个贫困的卖唱家庭的女儿，从小被一个来自冀东古冶的伶人买来做养女。白玉霜的养母李卜氏貌不惊人却心思缜密、目光锐利，她看中的就是白玉霜的天资聪颖、俊俏伶俐，把她作为自己的摇钱树来培养。她为白玉霜起名李慧敏，让其拜南孙班班主孙凤鸣为师。"白玉霜"这个名字就是她唱主演后，师傅为她起的艺名。

由于童年不幸的生活、养母严格的管制，白玉霜形成了倔强孤傲、自尊自强的性格。她蔑视庸俗的世人，把所有精力都投入到评剧艺术当中，只有沉醉于戏中，她才能忘记生活的无奈。白玉霜的声音低回委婉、悠长洪亮、独有韵味，加之她勤奋学习，博采众长，很快成为名满京津的名角。

1935 年，白玉霜受上海恩派亚大剧院邀请南下。这是评剧史上的一个重要事件，它代表着一个出身乡野的北方小剧种从此走向全国。这次南下，白玉霜对评剧做了很多改革，她将唐山话的念白改为京白，在伴奏、化装、服装上也有许多创新，特别是把评剧的名称确定下来，"落子""蹦蹦戏""梆子戏"等评剧的别称都不用了。在上海，白玉霜先演了几出拿手的评剧，后又与京剧名角赵如泉合演京、评两腔的《潘金莲》。两位京、评名伶合演一台戏，轰动了上海滩，白玉霜因此被誉为"评剧皇后"。后来，她还主演了电影《海棠红》。白玉霜和评剧也越来越为大江南北的观众所知晓。

下面再说小白玉霜。小白玉霜的童年也像白玉霜一样悲惨。她出生在山东，自幼丧母，父亲带她流落到北京，将其卖给了一个老妇人——正随白玉霜在北京演出的李卜氏。李卜氏为买来的孩子起名李再雯，小名福子，让她做白玉霜的养女，事实上是婢女，台前幕后伺候白玉霜，有时也给白玉霜配戏。李再雯每天与白玉霜形影不离，几年下来耳濡目染，把"白派"艺术掌握得八九不离十。白玉霜在上海唱红后突然出走，急坏了李卞氏，这个灵活机巧的女人临时将李再雯推上了舞台，对外说这是白玉霜的传人"小白玉霜"。就这样，小白玉霜戏剧性地走红了。就在这时，白玉霜突然回来了。李卞氏为了讨好白玉霜，竟然将小白玉霜嫁给一个年纪大她很多的烟土商人。白玉霜去世后，厚颜无耻的李卞氏又来求小白玉霜回到舞台。小白玉霜见李卞氏孤苦无依，便答应了。

在旧时代演戏，戏曲演员要受到来自流氓地痞、达官贵人、不道德的同行、搜刮伶人血汗的戏老板等各方面的刁难和迫害。小白玉霜幸运地熬到全国解放，终于迎来人生的春天、事业的最高峰。

芳香是由苦涩中孕育出的，就像珍珠是蚌的痛苦结晶，彩虹是暴风雨的产物一样，只有饱经风霜才能孕育出真正的芳香。平庸的人只知一味赞叹，丝毫没有觉察这芳香之下、硕果之中所包含的苦涩和艰辛。白玉霜和小白玉霜经过一次次的打击和磨砺终于开出了人生之花！

书山有路勤为径

【原文】

书山有路勤为径，学海无涯苦作舟。

——《增广贤文》

【译文】

书山漫漫，勤奋是攀登之路；学海茫茫，刻苦是引渡之船。

书香传世

"书山有路勤为径，学海无涯苦作舟"为我国唐代诗人、哲学家韩愈的治学名联。深谙教育之道的韩愈以其卓越的文学才华而著称，不仅对治学有着自己独到的见解，而且还是一位热心教育的学者。他曾作《师说》一文强调师的作用和从师的重要性，其中"师不必贤于弟子，弟子不必不如师"的观点更是不流于俗、大胆创新的至理名言。他认为学习的精进在于勤勉，"书山有路勤为径，学海无涯苦作舟"不仅是他对前人治学经验的总结，也是他自己宝贵经验的结晶。

时过境迁，但"书山有路勤为径，学海无涯苦作舟"这句话依然没有过时。学习没有捷径，只有勤奋刻苦、在所学上肯下功夫的人才能在无尽的书山学海中自由遨游、乘风破浪，到达成功的彼岸。张衡曾说："人生在勤，不索何获？"华罗庚也说："聪明在于勤奋，天才在于积累。"勤奋出真知。现代社会日新月异，节奏越来越快，没有勤奋努力何以在这个竞争无处不在的时代立稳脚跟？我们常说"笨鸟先飞"，先天不足后天补，勤奋使人变得聪明，此正是勤能补拙，一分耕耘一分收获。那么，这是不是意味着聪明的人就不需要"勤"和"苦"了呢？当然不是！天才是百分之一的灵感加上百分之九十九的汗水。即使再聪明的人，没有勤勤恳恳的耕耘付出，只会白白浪费上天赐予的禀赋。

值得一提的是，历史的车轮滚滚向前，到了21世纪的今天，各种书籍浩如烟海，根本无法穷尽，因此我们不仅要"勤学""苦学"，还要学会"乐学""巧学"。也就是说，在学习古人奋发苦读精神的同时，还要在学习方法上与时俱进，找到适合自己的学法。

家风故事

吕蒙受教苦读成才

三国时期，吴国君王孙权对大将吕蒙和蒋钦说："你们如今掌管国家的要事，应该加强学习，增长计谋，以便应付魏国和蜀国的进攻。"

吕蒙回答说："平日里我带兵打仗，东征西讨，没有充裕的时间去学习啊!"吕蒙对孙权的提议似乎感到厌倦,还带了点儿抵触情绪。

孙权笑着说:"又不是让你们成为研究经典的儒生,只是希望两位能多学习一些东西,充实自己的头脑,能在战场上多用一些心思和智慧,这比凭借勇猛获得胜利更为可贵。"

孙权接着对他们说:"整日在战场上奔波,有很多事情让你无法抽身,这我能理解,但总不至于连一点儿时间也没有吧?"

"小的时候,《诗》《书》《左传》这些书我都读过,唯独没读过《易》。即使读了这么多书,当我大权在握时,我总觉得自己的知识还是有限,所以才又挤时间读了'三史'以及各家的兵书,读后觉得大有收获。"孙权自己说得很起劲儿,但吕蒙却丝毫提不起兴致来。

"像你们这样聪明年轻的将领,学习后一定会收获更大,比恐怕我学起来还容易些,难道你们不能再学了吗?我建议你们最好先读《孙子》《六韬》《左传》《国语》及三史,以增长军事计谋和了解历史经验。孔子说过:'整日不吃饭,通宵不睡觉地思考问题,也解决不了问题,不如学习收获大。'汉光武帝虽掌管兵马军事要务,却能手不离书,整日学习;曹孟德也称自己是老而好学的人。跟他们相比,你们应当努力学习,超过他们才对。"孙权说了这些,有了一种如释重负的感觉,因为他很清楚,他手下的将领听了这些话,准会有些作用。

吕蒙听了这番话后,开始刻苦读书。由于坚持不懈、日积月累,他所读的书甚至比那些专学经典的儒生们所读的书都多。

后来,掌握全国兵权的鲁肃路过吕蒙的住处时,与吕蒙一起讨论军事韬略,言谈中常被他的话语所折服。鲁肃不由得拍着吕蒙的后背,感慨地说道:"我原以为你只不过有点勇武胆略,想不到今天竟变成一个学识如此广博的人,真难以相信你是原来那个只凭勇猛杀敌的阿蒙。"吕蒙微微一笑,说道:"人与人分别多日,一定会有变化,应用新的眼光相看才对呀。你现在代替周瑜的职务,掌管国家军事大权,这是非常艰巨的工作,又加上你与蜀国关羽相对守边,压力会更大,关羽大将虽然年纪大,但很好学,读起《左传》朗朗上口,此人为人耿直,受人尊重,但生性很自负,好以文才武略压人。你要是想成为他的对手,一定要多谋几种策略才行。"

吕蒙私下为鲁肃陈述了几种计策,鲁肃恭敬地接受了。孙权看到吕蒙发奋读书，学有所获，心中非常高兴。他常感叹地说："人岁数大了仍不忘学习，像吕蒙那样刻苦攻读的人，恐怕是很少了。他名显位尊权大，但不以此为满足，而更加虚心地求学，刻苦钻研，轻视金钱，崇尚忠义，这种精神应该提倡，有像吕蒙这样的人作为国家的大臣，不是一件可喜的事吗？"

犬守夜，鸡司晨

【原文】

犬守夜，鸡司晨。苟不学，曷为人。

——《三字经》

【译文】

狗在夜间会替人看守家门，鸡在每天早晨天亮时报晓，人如果不能用心学习、迷迷糊糊过日子，有什么资格称为人呢？

书香传世

在我国历史上，所有取得大成就的人，都不是懒惰的人，都不是被别人用棍子逼着用功然后才有了前途。因为一个人如果自己不知道勤奋，别人怎么逼都是没有用的。

其实，不仅仅是人有勤奋的精神，有许多动物都具有非常勤奋的精神，比如狗和鸡。

狗每天夜里都趴在主人的家门口，睡得很轻很轻，只要附近稍微有一点动静，它都会直起身子，竖起耳朵，眼睛向四边看。如果发现有人不怀好意地在门边转，或者是跳到院子里来，它就大声地叫，提醒主人出来捉贼，所以，养狗的家庭很少会遭到偷盗。有了狗在夜里值班，主人们睡得都很安稳。

公鸡在每天早晨天快亮的时候就会高声地打鸣，提醒睡梦中的人们："天快亮了，要准备起床工作了！"所以说，养了公鸡的家庭每天早早地就知道要起床干活儿了，很少有赖床的人。

狗和鸡，一个勤劳地帮人们守夜，另一个勤劳地为人们报晓。如果它们也懒惰的话，狗在夜里睡得昏昏沉沉的，有什么动静也听不见，鸡也睡得昏昏沉沉的，太阳照屁股了还不醒，那么，它们怎么能被人们所喜欢呢？恐怕除了被杀了吃肉，便没有什么作用了。

可是，作为人类，我们中间的许多人却做不到这一点。他们每天吃完饭就睡觉，早晨不到太阳老高了不起床，每天脑子里都昏昏沉沉的，什么事都做不好，对比这些勤劳的动物们，这些人真是应该觉得羞愧呀。

有一句话叫"书山有路勤为径"，如果把知识比作高山，那么只有勤奋才是通向山顶的唯一道路。所以我们从小一定要向勤劳的动物们学习，知道如果做一个不勤劳的人就连动物也不如的道理，每天充分利用可以用于学习的时间抓紧学习，争取用最好的成绩赢得更好的未来。

家风故事

匡衡凿壁借光

匡衡（生卒年不详），字稚圭，东海郡承县（今山东枣庄市）人。历史上流传着他幼时珍惜时间读书的典故。

山东郯城的一个小村子里有个财主，没多少文化，以剥削租他田地的农民为生。

有一天傍晚，这个财主正在屋里数他的金银财宝，管家突然闯了进来，慌慌张张地对他说，外面有一个小孩来找他，想要当长工（长工就是古时候给地主财主们干活的人）。

财主感到很奇怪："一个小孩打什么工呢？领他进来问个明白。"

这个小孩年龄不大，个子不高，但眼睛里透出一股灵气。他很有礼貌地向财主施了礼，并介绍他自己，说他叫匡衡，想到财主家当长工。

财主看了看匡衡瘦小的身躯，摇晃着脑袋说："你这个小不点儿能干什么呢?"

"田里的活我都能干!"匡衡说着又加重了语气,"而且我不要一分工钱!"

财主更加奇怪了,问道:"人家都嫌工钱太少,你怎么连工钱都不要呢?"

匡衡涨红着脸说:"我听说你家里有很多书,只要你肯每天借给我几本书看,我就心满意足了。"

财主心想:"嗬,真是个傻小子!不过倒是挺划算,替我干活还不要钱,只要几本破书,太便宜了,反正父亲以前给我买的书放在那儿也没人看。"于是财主便答应了。

就这样,匡衡有书读了。以前由于家里穷,买不起书读,现在有了书,匡衡真像是捧着宝贝一样,爱不释手。

可是白天干活太忙,没时间,只好晚上看,可晚上又没有灯。过去照明只有油灯或蜡烛,但匡衡家里穷,点不起油灯。

怎么办呢?可不能让晚上的大好时光就这么溜走啊!匡衡躺在床上,手里拿着书,望着窗外逐渐落下的太阳想办法。

不一会儿,天黑了下来,屋子里漆黑一片,但墙上的缝隙里却透出了几丝微光。匡衡连忙把书凑到有光的地方,然而光线太弱了,他根本就看不清书上的字。

不过,这倒是给了匡衡一个启发:要是把这个缝挖成一个小洞,不就可以利用隔壁的灯光读书了吗?这个想法使他兴奋了一个晚上。

第二天,他偷偷地在墙壁上一个不太显眼的地方,凿出了一个鸡蛋大小的洞。到了晚上,果然有一束光射了进来。望着书上看起来清清楚楚的字,匡衡像见到了老朋友一样,聚精会神地看了起来。直到隔壁熄了灯,他才恋恋不舍地合上书本睡觉。

就这样,经过多年的刻苦自学,匡衡终于成为西汉的大学问家。

第四章 勤学:书山有路勤为径

业精于勤，荒于嬉

【原文】

业精于勤，荒于嬉；行成于思，毁于随。

——韩愈《进学解》

【译文】

学业的精深，在于勤奋刻苦，学业的荒废，在于嬉戏游乐；道德行为的成功在于深思熟虑，败毁在于因循苟且。

书香传世

古往今来，"勤"与"思"成就了无数志士仁人的伟业。

"勤"，就像一把钥匙，它可以打开知识宝库的大门，可以促进学业的发展，可以促使美好愿望的实现。古今中外，凡是有成就的人，无一不"勤"。美国作家海明威成名后，他还是给自己规定了每天的写作字数。这种写作上的"勤"，使他写出了《老人与海》等不朽著作，获得了诺贝尔文学奖。"勤"，造就了《史记》的作者司马迁那样的伟大文学家，造就了镭元素发现者居里夫人那样的伟大科学家，造就了油画《蒙娜丽莎》的作者达·芬奇那样的伟大画家。

"嬉"，就像一种腐蚀剂，它使有志者变得消沉，使聪明者变得愚蠢，使大有希望者变无所作为。为"嬉"所腐蚀是可悲的。中国古代有个农民的儿子叫方仲永，他五岁时就能"指物作诗"，被人们誉为"神童"。人们纷纷请他父子俩做客，又是招待，又是送钱。而其"父利其然"（他父亲认为这样浪有好处），于是把这位"神童"带到各处吃喝玩乐。这样，过了六七年，"神童"再也写不出诗——变成庸才了。"嬉"的教训，难道还不足以记取吗?

良药苦于口而利于病，忠言逆于耳而利于行。要想取得理想的学业成绩，就必须牢记"业精于勤，荒于嬉；行成于思，毁于随"。唯有勤奋学习，坚韧不拔，不断攀登，才能创造出辉煌的成绩，才能在激烈的社会竞争中立于不败之地。相反，如果一味放纵自己，或懒惰厌学而做一天和尚撞一天钟，或沉迷于网络游戏而乐不思蜀，其结果难道不是显而易见的吗?

家风故事

"韦编三绝"的故事

孔子名丘，字仲尼，春秋末期鲁国人，是中国古代伟大的教育家、思想家。他之所以取得了巨大的成功，与他的勤奋有着密切的联系。

孔子从小就受尽了苦难，他三岁的时候，父亲就因病去世了。母亲带着他生活很艰难，族里的人看他们吃的、穿的都那么寒酸，常常取笑他们，人们都看不起他们母子。过年过节，别人家都吃肉，而孔子和母亲因为穷，吃得很简单，族里的人却嘲笑他们太吝啬。孔子心里非常难过，他想：我一定要发奋读书，做一个有学问的人，为母亲争口气。逆境并没有使他退缩，反而激起他刻苦学习的意志。他不畏艰辛，笃志好学，渴求知识，经常手不释卷。书籍陪伴他度过了一个又一个夜晚，晨星陪伴他迎来一个又一个黎明。他天天如此，月月依旧，年年坚持。

孔子一见到书就会不顾一切，不分白天黑夜地捧书而读，且边读边做笔记。可在孔子生活的那个时代，还没有造纸和印刷术，流传下来的书全靠传抄。做笔记可不像现在那么容易，拿起笔来就能写，而是靠一个字一个字往竹简上刻。刻字既费时间，又费力气。孔子博览群书，很多书给他留下了深刻的印象，他深深地被书中经典篇章所吸引，他多想保留一部别人的著作啊！可要保留一部著作，必须一个字一个字地用刀往竹片上刻，把这些竹简装订在一起，一本书就诞生了。然而，这些小竹片每片只有一尺多长、一寸来宽、二分来厚，要往这上面刻字可不是一个简单的"工程"，刻好后的竹简，要按着顺序用熟牛皮绳串起来保存好，就像今天的书籍都是一页页装订

第四章　勤学：书山有路勤为径

起来的一样。《易经》是孔子非常喜欢的一本书，他亲手将它刻下来，多少个日日夜夜，多少把刻刀，记录了他刻书的全过程。冬天风雪交加，天很冷，手一伸出来便冻得红红的，僵硬得不听使唤。可家里根本生不起火，孔子冻得全身直发抖。如豆的油灯被从门缝里透过来的寒风吹得忽明忽暗，孔子借着微弱的亮光，还是一笔一画认真地往竹简上刻字，手冻得刻不动了，就把手放到嘴边哈哈气，暖和暖和，等手指稍微能活动一点，就继续刻字，然后把刻好的竹简用熟牛皮绳穿起来。由于天太冷，手怎么也不听指挥，他想把牛皮绳穿进竹简上的圆孔里，可牛皮绳好像也在同他作对，他怎么穿也穿不进去，刚刚穿进去一部分，手一抖，"哗啦"一声，竹简散落一地。孔子蹲在地上一片一片地捡起来，双手使劲搓了搓，趁着有一点热乎气，拿起熟牛皮绳又把这些竹简穿起来。在一次次的努力下，熟牛皮绳终于穿在竹简上了，一本书就是这样制作完成的。孔子抄完这本书后，爱不释手，随时随地带在身边，经常翻阅。由于翻阅的遍数太多，熟牛皮绳换了一次又一次。如此穿了断，断了穿，反复几次，人们称之为"韦编三绝"。

孔子的一生都在孜孜不倦地学习。到了晚年，他满头银发，行走很不方便，自己拿书非常吃力，但他还要坚持每天读书。他经常抚弄着已经磨得油光锃亮的《易经》竹简叹息说："如果时间允许的话，我还想再活上几年，对《易经》进行更深入的研究，因为里面还能挖掘出更多更深刻的道理。一个人对学问的追求是没有止境的啊！即使盖棺也难以停止对知识的追求啊！"

"韦编三绝"的故事由此而出，并流传至今，它激励了许多有志者，驱使他们拼命苦读，最后取得了巨大的成功，实现了自己伟大的志愿。

勤有功，戏无益

【原文】

勤有功，戏无益。戒之哉，宜勉力。

——《三字经》

【译文】

只要肯勤奋努力地学习，一定会有成果，如果只是嬉戏、游玩，不肯上进，是不可能有长进的，所以要时常警惕，好好努力。

书香传世

要想获得学业和事业上的成功，就必须要勤奋；嬉戏和玩乐只能让人荒废学业和事业，是不利于人上进的。

对于每个人来说，从小要知道学习的重要性，知道要读好书才有前途，但是不能只是知道，还要真正地做到。要想在学习上取得成绩，只能是通过勤奋和努力，否则不会成功。只知道贪玩，结果就是什么都学不好，因为那样的话，学到的知识在头脑中停留的时间会浪短，你一不留神，它就溜走了。要用这些道理来时刻提醒自己，不能让自己的学习劲头被贪玩而给冲没了。如果那样的话，长大以后，你会非常后悔。

家风故事

种芭蕉的书法家

唐代有一位书法家名叫怀素。怀素家里很穷，所以在他很小的时候就被父母送到庙里出家做了和尚。在庙里，怀素每天和师兄师弟们一起跟着师父诵经坐禅，除了完成这些佛事之外，怀素最喜欢的就是写字。怀素练字很用功，把空闲的时间全都用在了练字上。可是，由于没有钱买纸张，他只好自己想办法找东西写字。

聪明的怀素曾经自己做了漆盘和漆板来写字，写完了再擦掉，然后再写。由于怀素练字非常用功，漆盘和木板被他反复擦了写、写了擦，最后都用穿了。除了漆盘和漆板以外，怀素还用坏了好多毛笔，后来他把那些用坏的毛笔埋到山脚下，并做成坟墓的样子，称它为"笔冢"，也就是笔的坟墓。

由于漆盘和漆板的漆面很滑，墨汁不容易沉浸到里面，所以写字的时候不但笔打滑，还不容易着色，所以怀素一边练字一边想新的办法。

后来，怀素知道了古人在芭蕉叶上题字的故事，他恍然大悟，于是在房前屋后一共种了十亩地的芭蕉树，这下，他的"叶子纸"就用也用不完了。由于生活的地方到处都是芭蕉树，所以他把自己的住处称为"绿天庵"。

怀素最擅长的是草书，他在练字的过程中，一面学习前人的用笔方法，一面自己琢磨，最后终于练成了一手有自己风格的好字，也为我国草书的发展历史增添了非常精彩的一页。一直到一千两百多年以后的今天，他所留下的狂草作品《苦笋帖》《千字文》和《自叙帖》还在被书法爱好者们临摹使用。

怀素所书写的草书被人称赞"像壮士拔剑一样神采动人"，也有人称赞他的草书"一转手便会出现上万种的变化"，这都是对他书法的赞扬。其实我们都知道，这都是怀素用勤学苦练、不断琢磨换来的。

狂草张芝临池学书

东汉末年，敦煌酒泉一带出了一个爱好书法的少年，名叫张芝。在他家附近有一个池塘，池塘边有一块很大的青石。由于家里贫穷，买不起纸，于是张芝每天早早起来，就以这块大青石为桌子练习书法。时间久了，大青石被他磨得平平的。

有一天，他发现自己白色长罩衫的宽大衣袖可用来练字，便脱下来展平在上面写起字来。写满了一只，又换一只，后来，他索性连前襟后背也展开弄平当纸来写字。

不知不觉到了中午，一件大长外罩衫上密密麻麻写满了字。他抖着长衫，看着写满的字，很是高兴。他写的是当时流行的"章草"——他对自己写的字挺满意，但想起要回家吃饭，就发了愁，怎么向父母交代呢？他怕父母生气，站在那里竟然不敢回家。

他一转身，看见自己家屋旁的大池塘，一下有了主意。他拿着长衫跑到池塘边，把长衫浸在池塘里搓洗。结果，字迹倒是看不见了，可是白长衫变成了灰长衫。

他提着灰长衫回到了家，做好了挨训的准备。父母见他的长衫变成了灰色，便问他是怎么回事，张芝说了实话。不料，父母听完不但没生气，反而夸他有刻苦练字的精神。母亲当即把儿子的长衫拿过来浸在水盆里，重新搓洗。这以后，母亲就找一些没用的布帛，给张芝练习书法。

由于张芝的勤学苦练，他的书法进步很大。但他还不满足，认为不能总是模仿别人，书法同其他事物一样，也应当不断创新。他认真分析自己写过的字，发现这种字形结构和篆书、隶书等不同，很难记忆，许多笔画勾连不断，不便于拆开辨认。

他想，应该创造出一种易于辨认、易于书写的新书体。从此，他潜心研究、练写，为此花了许多精力，一直没有成功。但他并不甘心，无论做什么，他都在思索新的字体。

有一次，他与友人在长江乘船航行。江水奔腾不息的气势触发了他的灵感。他终于克服了章草的弊端，创造出一种新的字体——今草。

今草摆脱了章草中保留的隶书字体笔画形迹，使上下字之间的笔势自然牵连相通，既有章法，又有气势；字的偏旁则相互假借，其笔力纵横，形似神变而无极。这就是他受到浩瀚的长江的启迪而创造的字体。

后来，历代书法家在今草的基础上又不断创新，最终形成所谓的"狂草"。张芝的今草对后世历代书法家影响很大，所以人称张芝为我国书法史上第一个"草圣"，并用"临池学书"来赞誉他。

脚踏实地有可能成功，也有可能失败，而不脚踏实地却会百分之百失败。因为只有努力去做，辛勤地付出劳动和汗水，你才能不断地提高自身驰骋疆场、驾驭时空的能力；只有积极地去做，激情满怀地面对人生，你才能在生命的运动中寻找契机；只有坚持不懈地去做，充满信心地迎接生命中的风风雨雨，你才能从挫折和失败中汲取力量，从而在人生的道路上披荆斩棘，最终摘取成功之花。

学道须努力，得道任天机

【原文】

绳锯木断，水滴石穿，学道者须要努力；水到渠成，瓜熟蒂落，得道者一任天机。

——《菜根谭》

【译文】

坚持不懈、长时间努力，那么绳子也能像锯子一样把木头锯断，水滴也能穿透石头，因此做学问的人需要不断努力才能有所收获；流水汇集到一起自然形成一条水渠，瓜成熟之后瓜蒂自然脱落，因此修行悟道的人一切顺其自然才能修成正果。

书香传世

勤学苦练，才能学有所获。学习需要人们不断地努力，勤奋学习、刻苦钻研，才能有所收获。修行悟道的人既要不断努力，还要保持平常心，一切顺其自然。

学习需要勤奋刻苦，可想而知，一个不勤奋学习的人能成为伟人吗？也许能，但这个可能性无限接近于零。就像买彩票想中五百万一样，中奖的概率是有的，但这个概率无限接近于零。所以学习需要勤奋，也许有了勤奋，你还是成不了伟人，可你还是有成为伟人的机会，但没有勤奋，你便连这个机会也会失去。

学习需要勤奋，未来我们所面对的大千世界，充满无数的挑战，无数的坎坷，机会与危机并存，如果我们不勤奋地学习，掌握好技能，又怎样战胜这些挑战，跨越这些坎坷，抓住这些机会，挽救这些危机呢？就像《增广贤文》中写的："学如逆水行舟，不进则退。"所以学习需要勤奋，只有这样我们才能在日后变幻莫测的大千世界里找到一席之地。

家风故事

梁鸿赔身攻读

梁鸿是东汉时期著名的大学者，他并非依靠家世，而是靠自己的努力获得成功的。

梁鸿小的时候父亲就去世了，当时家中一贫如洗，连买棺材的钱也拿不出来，只好将父亲的尸体用草席裹着埋葬。梁鸿站在风雨中，望着父亲的坟墓，不禁流下了眼泪，心想：如果不是因为家里穷，父亲也不会落到如此地步，我一定要好好读书，改变现状。

虽然家里各方面条件都很差，可是梁鸿求学的志向并没有因此而动摇。他读书十分专心刻苦，凡是读过的书他都能通晓每个字的含义。后来家境越来越不好，吃了上顿没下顿，梁鸿不得不到洛阳上林苑去做佣工，一边放猪，一边抽空学习。

一天晚上，他正守着火堆专心攻读，一阵风吹过，火星刮到邻居家的房屋上，邻居家的房屋烧着了，可梁鸿一点都没有察觉，还在看书。火势在蔓延，顿时火光冲天，一团烈火从邻居家的房屋升腾而起，火舌直冲天空，火光照亮了整个胡同。梁鸿发觉后，立刻站起身来，拿起水桶，不顾一切地去救火。可火势却越来越旺，怎么也扑不灭。眼看着房子倒塌了，他心急如焚，怎么办呢？他主动找到人家，说是因为自己不小心失的火，愿意赔偿邻居的全部损失。对方冷眼看了看眼前这个衣衫褴褛的孩子，用轻蔑的口吻说："你一个穷光蛋，能拿什么东西赔偿？"梁鸿想了想，说用自己放的几头猪作赔。对方看了看，认为这点东西顶不上一所房子，梁鸿简直是开玩笑，赔偿的东西太少了，不答应。梁鸿没有别的办法，最后咬咬牙说："我

第四章　勤学：书山有路勤为径

没有别的财产了，只有把我的身子赔给你，帮你干活，但你必须让我看书！"对方这才接受了他的赔偿。

梁鸿赔身后，每天早早起床做工，打扫院子、房屋，擦拭桌椅，主人家屋里屋外的活都由他一个人做。他干活从不惜力，而且做事动作还很快，干完活，他就读书，天天如此，他从没感到有什么不快乐。一次，村子里一位有见识的老人来到梁鸿做工的主人家，他看见梁鸿在院子里给花修枝，而后又拿起扫把扫地，把院子里的边边角角都打扫得干干净净；一会儿，见他进了堂屋，拿起布擦拭起桌椅板凳，干活又利落又干净；一会儿又把茶水沏好了。梁鸿看活都干完了，拿起书来到做工的房间读书，房间里杂乱不堪，不时有人进进出出，可梁鸿就像没看见一样，依旧专心看他的书，嘴里还不住地叨念着。老人看到这里，不由得喜欢上了这个年轻人，对梁鸿的主人说："梁鸿终日勤奋学习，很有毅力，干事一丝不苟，他可不同于一般的年轻人，不要这样对待他，他今后一定会很有作为的。"

长者的话提醒了主人，从此主人慢慢地转变了对梁鸿的态度，再也不对他随便发脾气了，还让他读书的时间越来越多。梁鸿也觉得自己的日子好过多了，他除了做工外，抓紧一切时间读书。这期间他把《大学》《中庸》《孟子》《论语》等书通通读了一遍，还经常同主人谈论读书的感受，他的知识也越来越广博，主人也渐渐喜欢上了他。一天，主人把梁鸿叫到跟前，告诉他："你做了这么多年的工，已经顶得上那所房子钱了，你现在可以走了，我把你赔的猪钱也如数退给你。"梁鸿坚持不要，只身回家了。

梁鸿回到家后，更加发奋学习，看了很多书，又诵读了许多名家的著作。孟光看到梁鸿勤奋好学，对他产生了好感，与他结为夫妻。他们寄居在一户人家的堂屋里。白天，梁鸿出去打工，妻子在家洗衣做饭；晚上，梁鸿吃过饭，在堂屋的油灯下埋头著书，苦苦攻读。后来，梁鸿终于成为东汉时期著名的大学者。梁鸿取得成功的奥秘在于：做事专心，任何干扰也动摇不了他读书的决心。如果能像梁鸿那样，刻苦学习，做事专心致志，还有什么事能难倒我们呢？

曾国藩背书

小时候，曾国藩并不聪明，读书也没有天分，常常因为记性不好而要花费比别人多出几倍的时间来背诵课文，但他十分勤奋。正是因为曾国藩的努力，父亲曾竹亭对他宠爱有加。

曾竹亭总是把曾国藩带在身边，随时给他讲解书中的道理。如果曾国藩一时之间消化不了，他就会不厌其烦一遍又一遍地重复，直到曾国藩彻底弄懂为止。

那时候，并不是所有的人都有求学的机会，曾国藩在深感自己幸运的同时，也意识到自己比其他的孩子笨拙，所以更加勤奋地读书。

有一天，曾国藩在家里温习当天的功课，对着一篇文章反复念了好多遍。夜已经深了，父母早已进入了梦乡，曾国藩还在温习课文。

这时，窗外来了一个小偷，他想等到大家都睡熟的时候到曾国藩家中偷东西，可是他见屋里的灯还亮着，屋子里不时传出朗诵的声音，就只好站在外面等着。

时间一分一秒地流逝，周围一片寂静，只有屋子里的朗诵声还在继续。外面的小偷又冷又困，实在不堪忍受这样的折磨，终于按捺不住自己的不满情绪，冲进了曾国藩的卧室，说道："你这个笨蛋，一篇课文念了这么多遍都背不下来，我在外面听了一会儿，都能背下来了。"说完，他就给曾国藩背了一遍，之后离开了卧室。

曾国藩听了，不禁傻了眼，心想：一个听过几遍的人就能把文章背下来，可自己念了那么多遍，居然还记不下来。于是，他又反复念，直到彻底背熟了，才上床睡觉。就是凭着勤奋好学，曾国藩最终成为国家的栋梁之材。

学问勤中得，萤窗万卷书

【原文】

学问勤中得，萤窗万卷书。

——宋·汪洙《神童诗》

【译文】

学问是从勤奋刻苦中得来的。要学囊萤映雪，用口袋装萤火

虫来照书本。

书香传世

无论在事业上还是生活上，每个人都想获得成功，但往往不能如愿以

偿。究其原因，大多是由于没有勤奋地工作、劳动造成的。

事业的成功来自勤奋。高尔基曾说过"天才出于勤奋"，生活的硕果来

自勤奋。残疾人的生活是艰苦的，但他们勤奋锻炼，没有手的就试着用脚、

用嘴写字干活，弥补了生理上的缺陷，和平常人过着同样幸福的生活。他们

过得很充实很有意义，不是靠自己的勤奋创造的吗？

"用着的钥匙永远光亮。"这是富兰克林的一句名言，意思是人们应该永

不停息地工作；反之，就正如克雷洛夫说的那样："有了天才不用，天才一

定会衰退的，而且会在慢性的腐朽中归于消灭。"

古语说得好，"只要功夫深，铁杵磨成针"。如果你期望能够快速而圆

满地完成一件工作，那你就必要勤奋刻苦一点、忙碌一点，不要让懒惰吞

噬你的心灵。

颜真卿学书路

颜真卿是唐代最富革新精神的大书法家，他的书法源自家学，而又兼取百家。

颜真卿出生时，唐王朝正处于上升时期，政权稳固，国力强盛。京城长安是当时闻名世界的都市。颜氏家族所在的敦化坊位于长安东南角，是京城著名的里坊之一，环境幽雅，是文人聚会的地方。

颜真卿两岁时，他的父亲因病去世，颜真卿兄妹十人随母亲投靠了舅父。舅父殷践猷居住的通化坊位于京城中心，东临朱雀大街，西邻通义坊，北面隔着善和坊即是皇城。从先天元年到开元九年，颜真卿和他的兄弟姐妹们主要在这里度过。在优越的时代氛围中，颜真卿接受了来自颜、殷两氏严格的家庭教育。

母亲殷氏是颜真卿的第一位老师，她出身于陈郡名门望族，她的伯曾祖殷开山，为初唐开国元勋、凌烟阁二十四功臣之一。殷氏家族有着与颜氏家族相似的门风和家学渊源，都以德行、儒学、翰墨而闻名。自南北朝起，殷、颜两家就世代联姻。颜真卿的母亲自幼受家学熏陶，有较高的文化素养，而且得伯祖殷令名传授，熟谙楷书笔法。在教育孩子方面，她秉承颜、殷两家的家教传统，严格督学，劳作之余，还认真演示执笔方法，为子女纠正习字姿势，对颜真卿高尚品格的形成及书法艺术的造诣，起到了潜移默化的作用。

舅父殷践猷也以博学著称，他的夫人萧氏，出身于兰陵名门望族。夫妇俩对颜真卿兄弟的成长十分关心，除生活上全力支持、悉心照顾外，还非常注重他们的学业。颜真卿的经学根基，很大程度上来源于舅父的传授。

颜真卿小时候，姑母颜真定已过花甲之年，她经常住在颜真卿家，帮殷氏挑起教育颜真卿兄弟的担子。她经常给颜真卿他们讲述先祖的事迹和自己割耳诉冤的故事，还注意词汇、音韵学知识的讲授，指导侄儿们学习李延寿《王孙赋》、崔氏《飞龙卷》、江淹《造化卷》及《五都赋》等，为颜真卿刚正品格的形成和深厚的文学艺术造诣奠定了基础。

第四章 勤学：书山有路勤为径

从童年时起，颜真卿就处在这种良好的学习氛围之中，诸位兄长及堂兄弟、姑表兄弟相互提携、切磋，使颜真卿受益匪浅。在众多兄弟中，二哥颜允南给予颜真卿的帮助和影响最大，不仅在学业上，而且还在人格修养方面也对他要求非常严格。颜真卿家中曾养有一只鹤，鹤的一条腿折断了，小真卿年少不懂事，练字时用毛笔在鹤背上乱涂乱画。允南看到后，严肃地告诫真卿："这生灵虽不能高飞，但也不能如此作践它的羽毛，否则也太不仁义了！"这虽是一件小事，却使颜真卿终生难忘，从此一生恪守仁义之道。

颜真卿十三岁时，舅父殷践猷不幸去世，母亲殷氏不得不率子女南下苏州，投靠时任吴县县令的外祖父殷子敬。吴县经济发达，文化繁荣；殷子敬素有文名，与他交往的多是江南饱学之士，这又给颜真卿兄弟提供了良好的成长环境，使他们得到更多的教益。

少年颜真卿学习特别勤奋。父亲死后，家道中落，一家十几口人全靠亲友接济度日。他家每天都是粗茶淡饭，有时穷得连纸笔都买不起，颜真卿只好经常用笔蘸黄泥浆在墙上练字。清贫的生活使颜真卿过早地成熟，读书入仕是他唯一的选择。"三更灯火五更鸡，正是男儿读书时。黑发不知勤学早，白首方悔读书迟。"这是他的自况诗，也是他勤奋求学的写照。

博取百家的学书路

颜真卿二十六岁时，在进士及第后，娶了中书舍人韦迪的女儿。韦家也是长安大族，家里有藏书两万多卷，还藏有大量的古董、名画以及魏晋以来的书法真迹。痴心于书法艺术的颜真卿，认真观摩和临写这些前代的书法真迹，结果大有收获。

家学的传承和他本人几十年的苦心研习、揣摩，使颜真卿的书法艺术达到了相当高的水平。他学书先是秉承家教，得自母亲、舅父、伯父、姑母等人的传授，由于他们都是书法名家殷仲容的学生，所以颜真卿的书法最初吸收了殷仲容的特点。殷仲容的书法继承了晋朝王羲之、王献之父子的风格。随后颜真聊又学褚遂良。褚遂良也是一代书法宗师，他的书法成就高于殷仲容，兼取欧阳询、虞世南之长，在王羲之书风中又融入了隶书意味。任醴泉县尉和长安县尉期间，颜真卿又拜著名书法家张旭为师，时常往返于长安和洛阳之间，并曾在张旭住处居住一个多月，聆听了张旭关于笔法的教诲，写出了《张长史十二意笔法记》，悟出了"屋漏痕"的笔法。

在颜真卿的各位老师中，张旭对他的影响可以说是最大的。张旭是唐代首屈一指的大书法家，各种字体都会写，尤其擅长草书。他们师徒之间还有一个广为流传的故事。

颜真卿希望在这位名师的指点下，很快学到写字的窍门，从而一举成名。但拜师以后，张旭却没有透露半点书法秘诀，他只是给颜真卿介绍了一些名家字帖，简单地指点一下字帖的特点，然后让颜真卿临摹。有时候，他带着颜真卿去爬山、去游泳、去赶集、去看戏，回家后就让颜真卿练字，或看他自己挥毫疾书。

转眼几个月过去了，颜真卿得不到老师的书法秘诀，心里很着急。要知道，颜真卿志向高远，他开始向张旭学艺时，就向老师请教过"如何向古人看齐"的问题。终于有一天，他忍不住直接向老师提出要求。

那天，颜真卿壮着胆子，红着脸说："学生有一事相求，请老师传授书法秘诀。"张旭回答说："学习书法，一要'工学'，即勤学苦练；二要'领悟'，即从自然万象中接受启发。这些我不是多次告诉过你了吗？"颜真卿听了，以为老师不愿传授秘诀，又向前一步，施礼恳求道："老师说的'工学''领悟'，这些道理我都知道了，我现在最需要的是老师行笔落墨的绝技秘方。"

张旭仍耐心地开导颜真卿："我是见公主与担夫争路而察笔法之意，见公孙大娘舞剑而得落笔神韵。书法除了苦练就是观察自然，别的诀窍真的没有！"

接着他给颜真卿讲了晋代书圣王羲之教儿子王献之练字的故事，最后严肃地说："学习书法要说有什么秘诀的话，那就是勤学苦练。要记住，不下苦功，就不会有任何成就！"

老师的教诲，使颜真卿大受启发，他真正明白了学习的道理。从此，他勤学苦练，潜心钻研，从生活中领悟运笔神韵，进步很快。

就这样，颜真卿汲取初唐各家的特点，完成了颜体楷书的创作，树立了唐代的楷书典范。他的楷书一反初唐书风，气势恢宏、笔力遒劲，被称为"颜体"，与柳公权的书法并称"颜柳"，有"颜筋柳骨"之誉。

第四章　勤学：书山有路勤为径

富贵必从勤苦得

【原文】

富贵必从勤苦得。

——杜甫《柏学士茅屋》

【译文】

只有能吃苦，才能取得最后的成功。

书香传世

"勤苦"作为主流取向，素来支配着人们的学习理念，唯有勤奋刻苦读书才能飞黄腾达。

勤奋刻苦，不是空下决心就可以做到的。只有当一个人对自己所学学业或所从事的事业有了深刻理解，产生了强烈的兴趣和明确的奋斗目标时，他才能产生勤奋刻苦的精神，才能以坚韧不拔的毅力和毕生的心血去奋力追求。

那么，怎样才能做到这一点呢？

一要树立崇高的人生理想和目标，并为实现它而不断追求。

二要认识到勤奋刻苦的重要性和必要性，同时查找自己不刻苦的原因，认识不刻苦的危害性，进而克服松松垮垮、不知努力上进的不良作风和习惯。

三要制订一个具有刻苦精神的学习计划，并认真地执行，做到"今日事，今日毕"，计划规定的学习任务要保质保量地完成。

四要多读书，特别是多读一些名人传记，学习他们勤奋刻苦取得辉煌成就的事迹。

刻苦学习虽然是一件苦差事，但如果深入进去，你会发现这苦中有乐，甚至有探索的极大兴趣，有成功之后的无比快乐……而且最初的"苦中苦"必将变成未来的"甜上甜"，这种追求是很值得的。

家风故事

含泪画下去

现代画家司徒乔，广东开平人。1924—1926 年就读于燕京大学神学院。毕业时，美籍校长司徒雷登要他当教会牧师。这是一个专业对口的职业，生活会很稳定。父母则希望他找一个能赚钱的行业，以便帮助家里减轻抚养六个弟妹的生活负担，而他从小就酷爱绘画，想当个画家。

在旧中国，当画家就意味着要吃苦、要受穷。在众多的选择面前，司徒乔"富贵不能淫，贫贱不能移"，毅然决然地选择了当画家这个要以贫穷和失业为代价的职业。

打定主意后，他激动的心情难以平静，拿起笔来画了一张半边脸笑半边脸哭的自画像，并题写了自勉的语句："含泪画下去啊，蠢人！在艺术的牢狱里过你的一生！"

一位同窗好友苦苦相劝，希望他能改变初衷，另谋职业，结果也无济于事。那位好友万般无奈，最后半是惋惜半是警告地在司徒乔的毕业纪念册上写道："阿乔，祝你到处碰钉子，碰到无路可走为止；到了无路可走时，回到北京来过穷日子！"司徒乔没有打退堂鼓，带着行李和画箱，搬进了贫民窟，开始了他的绘画生涯。

他与劳动者在一起，并以他们作为绘画对象，过着贫困的生活，经常以白薯充饥，曾著有《白薯画家日记》。

他的泪水和汗水没有白流，终于事业有成，画出了许多不同凡响的作品。1940 年，他侨居新加坡时，看了著名演员金山、王莹演出的《放下你的鞭子》街头剧后，感慨之余，抱病画了《放下你的鞭子》，控诉了日本侵略者的罪行，唤起了千千万万同胞的抗战激情；1946 年，他远涉广东、广西、湖南、湖北和河南五省，创作了《义民图》《饥饿》等八十幅作品，先后在南京和上海举行灾情写生展览，激起了社会各界人士的强烈反响，

第四章 勤学：书山有路勤为径

后赴美国养病，1950年归国途中，在乘坐的"威尔逊总统号"轮船上，创作了《三个老华工》，描绘了华工的苦难与辛酸以及他们对帝国主义无穷的愤怒。1952—1958年，他任中央美术学院教授，桃李满天下。1978年和1980年，人民美术出版社两次出版《司徒乔画集》，使这位人民艺术家永远活在人民心中。

成功的喜悦总是赠予那些付出行动的人，画家司徒乔的努力精神是值得我们学习的。"世上无难事，只要肯攀登。"只要有坚定不移的恒心，顽强的毅力。终有一天，我们会得到回报，成功的大门会向我们敞开。

第五章

思考：学以治之，思以精之

　　"好学深思，心知其义"是读书人所力求达到的最高境界。"学问"是由"学"和"问"组合而成的，"学"中有"问"，"问"中有"学"，一"学"一"问"便是"精思"。思则得之，不思则不得之，"于不疑处有疑，方是进矣"。

学以治之，思以精之

【原文】

学以治之，思以精之。

——汉代·扬雄《法言·学行》

【译文】

通过学习得到学问，通过思考使学问精深。

书 香 传 世

思考是一种悄无声息的力量，能够让你在坎坷的人生道路上拥有勇注直前的力量。在平心静气的沉思默想中所获淂的力量和智慧，将使淂我们摆脱人与人之间的相互倾轧，帮助我们走出悲伤的阴影，抵御形形色色的诱惑。同样，依靠沉思的力量，智慧不断增长，内心的自私欲望也会慢慢消失。

积极思考是现代成功学非常强调的一种智慧力量，如果做一件事不经过思考就去做，那肯定是鲁莽的，除非你特别地幸运。但幸运并不是时时光顾的，所以，最保险的办法就是三思而后行。

勤于思考的习惯一旦形成，就会对你产生巨大的推动力量，19 世纪美国著名诗人及文艺批评家洛威尔曾经说："真知灼见，首先来自多思善疑。"众所周知，爱因斯坦非常注重独立思考，他说："高等教育必须重视培养学生具备独立思考、懂探索的本领。"

积极而独立地思考，会使你越来越接近成功。古语云"行成于思"，没有思考就不会有行动，也就不会有成功。因此，要想取淂成功就要养成积极独立思考的习惯。但"思"并不是简单的事，思考也有它的特点和办法。成大事者都有良好的思维方法。

传统的想法和思维定式（常规思维和习惯性）可能会冻结你的心灵，阻碍你的进步，干扰你的创造能力。你一定要改变传统思维和思维定式对你的影响。如果你要消除它的话，就要乐于接受各种创意，就要撇弃"不可行""办不到""没有用""那很愚蠢"等负面想法。

每个人都会有"自身携带的栅栏"，若能及时地从中走出来，实在是一种可贵的警示。与生俱来的独一无二的自由态度，在学习中勇于独立思考，在生活中关注创意，在职业中精于自主创新，正是能够从自我囚禁的"栅栏"里走出来的鲜明标志。

思维要有超前的意识，要主动前进，而且不能被动后退。想一想，作为一家公司或者一个组织，如果公司的经理们总想"今年我们的产品产量已达极限，进一步发展是不可能的"，那么，这个企业还会有发展吗？它还能在激烈的市场竞争中取胜吗？没有思考，所有工程技术的实验以及设计活动都将永久性地停止。用这种态度进行管理，即使是强大的公司也会很快衰败下去。

成功的人就像成功的企业一样，也总是在带着问题而生存。"我怎么才能改进我的表现呢？我如何能做得更好？"做任何事情，总有改进的余地，因为成功者能认识到这一点，所以总能探索一条更好的路。

人们常常这样说："这个人脑子活，会办事。"言外之意就是这个人勤于思考，会处理各种事情和人际关系，能够挣到钱、混得开。也就是说，人要灵活，敢于突破常规。

突破常规不仅要求打破传统思维，建立理性思维，还要求人们敢于想象。每一个人都具有想象力，想象力丰富的人，好奇心会强，而想象力正是创造力的源泉。将梦境中所见到的描绘出来，就是一种想象力的创作；发明一样东西或创造一样东西，就是想象力的发挥。

家风故事

善于思考的徐渭

明朝文学家、艺术家徐渭从小就爱动脑筋。

他七岁那年，有一次，老师带领学生们来到一座又矮又小的竹桥边，拿出两只小木桶盛上水，问谁能提桶过桥。原来，这座桥桥身很软，桥面紧贴着水面，过桥时如果拿太多东西，河水就会漫过桥面。

一个胆大的孩子站了出来，不管三七二十一，提起水桶就想急步跑过桥去，但刚跑了几步，裤腿已经泡进水面了。他吓了一大跳，只好匆匆返回岸边。这一来，学生们都不敢尝试了。

过了一会儿，徐渭开口了："让我来试试吧！"他脱去了长袍，又脱去帽子和鞋子，接着将一只水桶浮到水面。水桶没有沉下去，徐渭又让另一只水桶也浮在水上，然后都用绳系住，边走边牵。这样，他轻盈而稳当地走到了对岸。

老师一边点头称赞，一边取出一根系着一包礼物的长竹竿。原来，他还想再考考学生们。他扶着竹竿说："你们一不能把竹竿横放，二不能用桌椅板凳等物，谁如果能拿到礼物，这礼物就归谁。"老师还没说完，许多学生都争着要试一试。有的围着竹竿团团转，有的跳得很高很高。但谁也摘不下那包让人眼馋的礼物。

等到同学们的热情消失之后，徐渭胸有成竹地走上前来，接过老师手中的竹竿，来到一口水井旁。他将竹竿慢慢地从井口放下去。当竹竿和他一样高时，他笑嘻嘻地把礼物从竿头取了下来。

老师见了，感慨地说："真是个聪明的孩子，将来一定会有出息！"

后来，徐渭成了明代著名的书画家。只要善于开动脑筋，一切问题都会迎刃而解。遇事知难而退的人，只会让自己变得更加平庸。

于不疑处有疑，方是进矣

【原文】

于不疑处有疑，方是进矣。

——《经学理窟·义理》

【译文】

在别人没有提出疑问的地方提出疑问，学业才是有所长进了。

书香传世

"于不疑处有疑"，其实就是让我们善于思考，因为只有学会思考才会有疑问产生。解决了疑问，自己的所学才会更深一层，所得才会更宽广一些，这不正是有利于接下来的学习吗？所以宋代程颢说："学非有碍于思，而学愈博则思愈远；思正有功于学，而思之困则学必勤。"思考对学习是有益的，思考能解决许多原本无法理解的问题，这样就更激发了学习求知的欲望，学习也就更有劲头，这就是所说的"学必勤"。汉代刘向也说："讯问者智之本，思虑者智之道也。"勤虑多讯是智之根本，善思好问才会学有所成，变得更加聪明与智慧。只有这样才是真正达到了学习的目的，实现了学习的初衷。

技术上的革新，科学上的突破，都是从"疑"开始的。那些对"常识"，甚至对写在书上的"知识"敢于探求的人，才会产生有用的疑问，并从"疑"中得到真知灼见。"怀疑并不是缺点"，但"总是疑，却并不下任何断语，才是缺点"。提出疑问之后，进而深入研究，并有所发现、有所创造，这是最可贵的。

有了疑问，大胆质疑并积极主动地寻求答案，真正弄明白、弄清楚了，

第五章——思考：学以治之，思以精之

这样的疑问才会对自己有所增益，有所提高。只有这样，我们才能学有所得、学有所获、学有所进，并学有所值、学有所乐！

家 风 故 事

好问的戴震

清代大学者、思想家戴震，小时候在私塾学习，听塾师讲授《大学章句》。讲完《右经一章》，老师告诉同学："这一章是孔子的话，由曾子记述，下十章是曾子的话，由曾子的学生执笔记录。"

戴震就很好奇地问老师："凭什么说这一章是孔子的话、由曾子记录的？又凭什么知道以下十章是曾子的话，又是由曾子的学生记录的？"

老师回答他："先儒朱熹的注释里就是这么写的。"

他又问老师："朱熹是哪个时代的人？"

老师告诉他："南宋。"

他又追问："孔子和曾子是什么时代的人？"

老师说："东周。"

于是戴震说道："既然时间相距这么远，朱熹又怎么会知道呢？"这一下，老师也不知道该怎么回答了。戴震在学习上勤于思考，敢于提出疑问，并有一种打破砂锅问到底的精神。

他不迷信老师，也不迷信古代先贤。若是把书本上的一切都看作"金科玉律"而"照本宣科"，那进步便无从谈起了。"学而不思则罔"，如果只是埋头苦读，却从不发问，就会变得疑惑了，这样到头来只会是"越学越糊涂"。

学而不思则罔

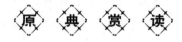

【原文】

子曰：学而不思则罔，思而不学则殆。

——《论语·为政》

【译文】

孔子说：只读书学习，而不思考问题，就会茫然无知而没有收获；只空想而不读书学习，就会疑惑而不能肯定。

书香传世

学思并进，万事皆易。在学习的过程中，学和思不能偏废，只读书不思考是读死书的书呆子，只空想不读书是陷入玄虚的空想家。书呆子迂腐而无所作为，空想家浮躁不安而胡作非为，甚至有精神分裂的危险，因而孔子主张学与思相结合，且认为只有将学与思相结合，才能使自己有超乎寻常的收获，进而悟得真知。

正如南宋人陈善说："读书须知出入法。始当求所以入，终当求所以出。见得亲切，此是入书法；用得透脱，此是出书法。"

在此，学是入书，思是出书。出入有道，学业可成。

没有什么力量能够超越思考，离开思考的行动只是机械的行动，只有思考能够赋予行动更大的价值与意义。因此，为人处世、求学探索必须学思并进，融会贯通。

"学而不思则罔"，如果只学习不思考，学问就不会稳固，也无法融会贯通。自己在平时读书、求学，经常会有种感觉，这些知识有多少是属于自己的呢？说话作文，大都是别人的思想，到处拾人牙慧，或者剽窃拼凑，有哪一句是从自己心里流露出来的？有哪一句是自己亲身体会得到的呢？几乎没有。就算是学习、借鉴他人经验，能不能在自己身上找到共鸣？很难很难。

没有思考，只是简单的记忆与背诵；没有用心体会，所谓的知识都是假象。就算做演讲、写文章能惊天地泣鬼神，但到自己身上，还只是一层皮，对自己的人生没有丝毫益处。

"钻进去，跳出来"，这是学与思的结合。事实上，任何知识的真正获取都需要求知者既要"钻进去"，虚心学习，有所创新，有所发现，同时也需要求知者们从书本中"跳出来"，有所怀疑，有所思虑，要做到学思并进。

曾经遇到过很多抱怨生活不给他机会的人。这样的人，他们所缺乏的绝不是机会，而是洞察事物的机会和思考的能力，以及把握机会和创造机会的能力。因此，学思并进的过程也是一个人不断寻找机会，把握机会的过程。

求学和成长的历程，是学习、思考不断反复、相互促进、持续深入的过程。人在这种不断地循环注复的过程中走向成熟，获得真正的知识。

因此，人生在世应学会品他人智慧之茶，取他山之玉，善于运用别人的思想，在自身思考范围之内，不断地体会其智慧，为吾所用，成就自己的事业。

家 风 故 事

张旭的秘诀

张旭是唐代著名的书法家，他性格豪放，嗜好饮酒，常在大醉后手舞足蹈，然后回到桌前，提笔落墨，一挥而就。有人说他粗鲁，给他取了个"张癫"的绰号。其实他很细心，他认为在日常生活中所接触到的事物，都能启发他写字的灵感。

当时，文宗皇帝十分喜爱张旭的字，他曾向全国发出了一道诏书：李白的诗、张旭的草书、斐旻的剑舞可称为天下的"三绝"。

诏书一到洛阳，顿时轰动了整个洛阳城。城里的文人墨客纷纷来向张旭道喜，庆贺他获得了至高的荣誉。张旭一一致谢，并设宴款待这些文人名士。在宴会上，有人提议让张旭谈谈他写草书的秘诀。张旭推辞不过，便谦虚地说："各位见笑了，我自知浅陋，皇上御封，受之有愧。说到秘诀，也无非是'用心'二字。"

然后他沉吟了片刻，接着说："杜少陵曾经为公孙大娘的剑器舞写过一首诗，其中有这样四句，'烈如羿射九日落，矫如群帝骖龙翔；来如雷霆收震怒，罢如江海凝清光'。在邺县的时候，我有幸见到了公孙大娘的舞姿。每次观看她的舞姿，我的心里都会产生联想，她将左手挥过去，我就立即想到这个姿态像个什么字；她跳跃起来旋转，我便想草书中的'使转'笔锋就应该像这样吧！于是，我从她整个起舞的姿态，得到了书写字体结构的启发。"

思考重于一切。要提高自己的创造力，就一定要养成勤于思考、刻苦钻研的好习惯。任何一个有意义的构想和计划都来源于思考。会思考的人才是最有价值的人。

好学深思，心知其意

原 典 赏 读

【原文】

非好学深思，心知其意，固难为浅见寡闻道也。

——《史记·五帝本纪》

【译文】

如果不是好学深思，真正在心里领会了它们的意思，想要向那些学识浅薄、见闻不广的人说明白，肯定是困难的。

书 香 传 世

"好学深思，心知其意"，是每一个真正的读书人所力求达到的最高境界。读书的第一要义是静下心来，深入进去，领会书中之意，求得客观的认识，以充实自己的内涵，提高自己的素养。自孔圣人开始，就十分强调好学深思。

学之思之，才能知之解之。研读不能一扫而过，做事不能心猿意马。做学问毕竟不是"一看就懂，一学就会，一用就灵"的，而应该从"言"中领会"意"，从有字书中识得没字之理，真正做到"好学深思，心知其意"，让自己的学问达到一个更高境界！

家风故事

祖冲之善于思考

祖冲之是南北朝时期著名的科学家，他在天文、数学、机械、音乐和文学等领域都取得了很高的成就。他是世界上第一个计算圆周率到小数点后七位的人。人们为了纪念他，把月球背面一座很大的环形山命名为祖冲之山，此外，还把一颗小行星命名为祖冲之星。

祖冲之生在一个科学气氛浓厚的家庭里，他的爷爷是朝廷里负责建筑工程的官员，对数学、天文都有一定的研究。十几岁的时候，爷爷带他拜著名天文学家何承天为师。在老师的指点下，祖冲之掌握了很多科学知识。更可贵的是，祖冲之从小养成了独立思考的习惯。

有一年的八月二十九日，天上出现了日食。祖冲之感到很奇怪，按当时的历法，日食出现的日期应该是九月初一，这件事使祖冲之对历书的准确性产生了怀疑。从此，他常常拿历书和实际天象进行比较，几年后，他得出结论：历书里有很多错误！他决心编一部更准确的历法。当时通用的历法是他的老师何承天编的"元嘉历"，这是何承天历时四十多年才编成的。

祖冲之打算重编历法的时候，何承天刚去世不久，有人认为祖冲之重编历法是对老师的不尊重。祖冲之说改正老师的错误并不等于不尊重老师，老师在世的话也不会反对。后来祖冲之在南徐州当了管理财政的官员，尽管公务繁忙，但他还是坚持每天观察天象。当时珠算还没有出现，计算的工具是一种叫筹的小棍，祖冲之遇到复杂的计算时，常常把筹摆得满地都是。

十几年过去了，祖冲之终于编成了一部更准确的历法。

祖冲之向宋孝武帝呈了一道奏章，希望他能同意施行新的历法，但宋孝武帝对历法毫无兴趣，他叫祖冲之去找大臣们商量，如果大臣们没有意见，就用新历法。皇帝的宠臣戴法兴对祖冲之没有好感，就对皇帝说，祖冲之一个芝麻小官竟然胆大妄为，破坏前人留下来的规矩，建议皇上不要采纳新历法。别的大臣惧怕戴法兴的权势，都不敢为祖冲之说话，施行新历法的事就被搁下了。过了两年，一个叫巢尚之的大臣看了祖冲之的历法，发现确实比旧历要精确，就劝皇上采用。宋孝武帝同意了，可是还没等新历法颁布，他就死了，于是施行新历法的事又不了了之。直到祖冲之死后十几年，新历法才被采用。因为新历法是在宋孝武帝大明年间编成的，所以又叫大明历。

宋孝武帝死后，祖冲之被革了职。没有了公务的牵制，祖冲之就在家专心研究数学。他在数学方面取得了很大的成就：他和儿子一起得出了计算球体积的公式；他对圆周率进行了周密计算，得出圆周率在 3.1415926 和 3.1415927 之间。祖冲之是世界上第一个计算圆周率到小数点后七位的人，他的研究成果比西方人早了一千年。后人把他得出的数值称为祖率。祖冲之把自己在数学上的研究成果写成一本叫《缀术》的书，这本书在唐代成为国子监算学课本。《缀术》还流传到了朝鲜和日本，可惜的是，到北宋就已经失传了。

思之自得者，真

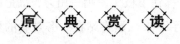

【原文】

思之自得者，真；习之纯熟者，妙。

——《慎言·潜心》

【译文】

能够独立思考而有所得的人，才能获得真正的学问；十分熟练地应用所学知识的人，才能变得高妙。

书香传世

"能思之自得者，真"，能够独立思考而有所得的人，才能获得真正的学问。孔子历来就主张"思、问、习"的读书法，"博学之、审问之、慎思之、明辨之、笃行之"中的"慎思之"就是强调学与思要结合起来，对所学知识要"斟酌"，要"咀嚼"，要"推敲"。

家风故事

心之官则思

东汉末年，有一位姓蔡的医生因医术高明闻名遐迩，前去拜师学艺的人几乎踏破他家的门槛。有一天，一个虎头虎脑的小男孩也来到蔡医生家，要拜他为师。这个七岁的小男孩行过见面礼之后，便规规矩矩地站在一旁静候蔡医生的吩咐。由于蔡医生只收智力高、有悟性的孩子为徒，于是决定先考一考他。

蔡医生把男孩叫到面前，指着庭院里的一棵桑树道："你瞧，这棵桑树最高枝条上的叶子，人够不着，怎么才能采下桑叶来？""用梯子呗！"小男孩脱口而出。"可我家没有梯子呀。"蔡医生说。"那我就爬上去采！"小男孩讲。"如果不准爬，必须站在地上不动，你还能想出别的办法来吗？"蔡医生有意"为难"他。小男孩站在那里略加思索，突然一拍脑门，喊了一声"有了"，便去找了根长绳子，用绳子系上一块小石头，然后来到桑树底下，使劲将石头往那最高的枝条上抛去。绳子挂住了枝头，稍一用力，最上面的枝头就垂下来了，他一伸手就把桑叶采了下来。始终站在一旁观看的蔡医生，这时高兴地点点头，说："很好！很好！"

无巧不成书，当蔡医生和小男孩正要转身进屋时，突然身后传来小孩们的吵闹声。两人回头一看，原来庭院那边有两只山羊在打架，打得难解难分，几个孩子用尽了吃奶的力气想把他们拉开，可就是无济于事。于是，蔡医生对小男孩说："你来想想办法，叫那两只羊不要打架了。"

小男孩并不着急走向山羊拉架，而是回到桑树底下，拔了一把鲜嫩嫩、绿油油的草，送到山羊的面前。这时，山羊打累了，肚子也饿了，看见草后自然就顾不上打架了。

蔡医生满意地说："心之官则思，思则得之，不思则不得之。孺子可教，孺子可教也。"这个小男孩就是我国历史上德艺双馨、救人无数的汉末医学家华佗。

思维敏捷的黄永年

黄永年，是宋朝徽宗年间有名的神童，他博览群书、思维敏捷，曾以"御前应变"大显才华。

公元1100年，黄永年出生在一个书香门第。他的祖父和父亲都喜读史书，学识渊博。黄永年天资聪颖，在祖父和父亲手不释卷的影响下，两岁学识字、背诗歌，过目不忘。他刚刚三岁的时候，就开始模仿祖父和父亲自学经书了。如此小的年龄读经书，是常人不敢想象的事，而黄永年却独具其能。开始，他有很多字不认识，也有很多看不懂的章句，他都随时随地向祖父和父亲请教；可后来，他怕长辈嫌烦，便一一记下来，集中向长辈询问，请他们指教。他六岁的时候，已能独立看懂《史记》《左氏春秋》等大部分著作了。一日，父亲的几位朋友来家做客，听说黄永年六岁能读《春秋》，甚感怀疑，便将其叫来测问。其中一位友人道："《春秋》这部书，是用编年体形式写的，枯燥无味，有啥可读的?"

黄永年却一本正经地回答说："《春秋》虽为编年体史书，却记载了242年的历史；记事虽然简单，含义却极为深刻，而且是非观念评判明确。试想，若没有《春秋》，哪有后来的《左传》?"

黄永年的几句话把众人说得目瞪口呆。他们没有想到，自己读《春秋》十多年，甚至几十年，竟没有一个人如这个六岁的孩童概括得这么全面、深刻，于是，黄永年的"神童"之名便广泛地传播开来。

公元1108年，黄永年八岁，由他的父亲带着去京城应试童子科。宋徽宗听说一个八岁的孩子竟能读透《春秋》一书，甚感惊奇，便召见了他。宋

第五章　思考：学以治之，思以精之

徽宗见黄永年生得皮肤白皙、聪慧机灵，心下甚喜，便很亲切地和他一起吟起《诗经·小雅》中的《天保》。这是一首请求上天保佑多寿多福的诗，最后一章的六句是：

　　如月之恒，如日之升。如南山之寿，不骞不崩；如松柏之茂，无不尔或承。

　　诗中的"骞"，就是亏损的意思，"崩"就是崩溃、垮台的意思。在封建王朝，皇帝的"死"称"崩"，因此，这个字在皇帝面前是不能念出口的。徽宗一时高兴，没有想到这个忌讳，顺口念了出来。但黄永年很敏锐，把"不骞不崩"一句顺口改成了"不骞不坠"。"坠"与"崩"的意思相同，既没有改变诗的意思，又避免了在皇帝面前念"崩"的罪过。宋徽宗一时没有反应过来，以为他念错了，便问他说："原文是'不骞不崩'，你怎么会念成'不骞不坠'了？"

　　黄永年笑着回答说："诗人之言（指《天保》诗）不识忌讳，臣怎敢再重复呢？"

　　徽宗听了，这才明白过来，更是惊喜，遂命黄永年逐个与朝官相见。众臣见黄永年如此机警聪慧，善于应变，都很佩服他的才华，因此对他都很客气，见其来拜，接待也很热情。后宫嫔妃听说这件事后，也都喜欢见他，并竞相赏给他各种礼物。

　　黄永年考中童子科后，更加如饥似渴地读书，后来，终以精通五经考中进士，从而走上了仕途。

吾尝终日而思矣

【原文】

吾尝终日而思矣，不如须臾之所学也。

——《荀子·劝学》

【译文】

我曾经整天地思索，却不如片刻学习的收获大。

书香传世

思而无得，不但对学习毫无益处，反而会对自己的进益造成阻碍，不如退而学之，退而习之。

当然，有了疑惑，在百思不得其解时要学，那么，是不是说没有疑问的时候学习就可以放一放了呢？答案是"非也"。北宋理学家、"关学"的创始人张载在《经学理窟·义理》中说："与不疑处有疑，方是进矣。"《礼记·学记》里有一句话："学然后知不足。"意思是只有通过不断的学习，才知道自己的不足。有人曾把自己的知识面比作一个圆圈，圆内是已知，圆外是未知，那么，知识越多的人，圆周就越大，越能察觉到自己知识的不足。知道自己的不足，越是能努力学习，越是努力学习，知识就越丰富。反之，越是孤陋寡闻的人，越是觉得未知世界很小而沾沾自喜。古人云"学海无涯"，我们目前所学到的只是浪花扑上岸来时溅起的一滴小水珠。所以，在任何时候，学习是不能停止和懈怠的。

不过，也不能只一味地强调"学"而忽视了"思"，思而不学也会让人变得迷惘而无所得。若只是一心埋首于学习中，而从没想过停下来多问几个为什么，到最后得到的只是知识的简单叠加，让人越来越困惑。《二程全

书》里说"不深思则不能造其学",说明"思"对"学"的促进作用是十分重要的。

"学而善思,然后可与适道。"所以,学不可以荒,更不可以止,要笃学,勤学,恒学;而思也不能废,更不能停。这样,才能获得真知,学得卓识,寻得智慧的宝藏。

家 风 故 事

黄宾虹学画

现代著名画家黄宾虹是东方意象表现体系的杰出代表。他对传统山水画笔墨语言所做的总结性考察研究,在画史上可谓空前,堪称中国传统山水画精华之集大成者。

黄宾虹出生在一个商人家庭,父亲常年忙于生意,没时间管他。黄宾虹四岁的时候,一天,父亲突然心血来潮,想教他识字。没想到黄宾虹小小年纪悟性极高,几天下来,就已经学了不少字。这天,黄宾虹忽然张着手问父亲:"手掌的掌字怎么写?""这个字笔画多,恐怕你还认不得。"父亲回答。"嗯,我想这个字里一定有个手字。"黄宾虹歪着脑袋看着父亲。父亲听了格外惊喜,不住地夸奖儿子。自那以后,黄宾虹学字的热情一发不可收拾。从绣像插图的少年读物到家中的各类古代藏书,他看见什么就读什么,慢慢地,他的阅读能力大大提高了。

邻居倪易甫与黄宾虹的父亲是好友,他不仅擅书画,而且精于画理。他常到黄家来观赏黄宾虹父亲收藏的古书画。每当这时,黄宾虹总是侍立一旁,仔细听倪老先生论画。一天傍晚,倪易甫又来到黄家,黄宾虹倚在父亲身边,直望着他发呆。倪老先生笑着问:"你想跟我学画吗?"黄宾虹认真地点了点头。倪老沉思了一下,对他说:"学画可不是一件容易的事,最关键的是要学做画家,不要学做画匠。学画要像写字一样,一笔一画都要交代清楚,千万不能描,更不能涂抹。"接着他又语重心长地说:"当如作字法,笔笔直分明,方不致为画匠也。"

倪老的谆谆教诲深深地印在了黄宾虹的脑海中,成为贯穿他一生的临摹思想和创作主张。黄宾虹在倪老的指导下，很快掌握了临摹、速写的基本功，为他今后的创作生涯打下了坚实的基础。

我们在学习的过程中，不但要勤于动手，更应当善于思考。只有把动手和动脑结合起来，我们才能学得轻松，学得快乐。如果只是一味地死读书，是无法真正地掌握知识、利用知识的。

举一反三，通达创新

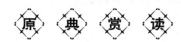

【原文】

子曰：不愤不启，不悱不发，举一隅不以三隅反，则不复也。

——《论语·述而》

【译文】

孔子说："不到苦苦思索而仍然不通时，我不去启发他；不到口欲言而又说不出来时，我不去开导他。教给他一方面的东西，他却不知道推知其他三个方面的东西，我就不再教他了。"

书香传世

人生在世，或许最遗憾的莫过于活了一辈子却从未发现自己的潜力。正如有人说："一角硬币和二十万美元的金币若沉入海底，毫无区别。"它们的价值区别，只有当你将它们拾起并使用时才显现出来。同样，只有当你深刻地认识了自己并发挥你无穷潜力的时候，你的价值和才能才是真实的。

那么，你的才能在哪里呢？孔子告诉我们，才能就在我们的大脑中，在我们"举一隅而返三隅"的思维潜力中。

"记问之学，不足以为师。"学习、学问的妙处在于举一反三、融会贯通。举一反三，同样的一件事，愚者做一百遍和做一遍没有什么区别，而智者在从事同样一件工作时，每一遍都会有不同的感受。为何会这样？这是因为智者能从中悟出一些东西，从而知类通达，找出事物的基本规律，从而找到走向成功的捷径。是故，为学，为人，只有通过举一反三的思维能力，才能找到我们内心属于自己的潜能。

举一反三，"举一"是基础，"反三"才是关键。"反三"反得好不好，关键看思路。

在人的一生中，想象力是智慧的翅膀，是创造的天使，不仅能给我们带来无穷的乐趣，也给我们带来创造财富的无限机会。

人生在世，成功或许需要种种条件，但其中关键的一个就是发挥自己的思考力和创造力。当你以为学识经验不足而不能成功去啃书本之际，千万不要忘记在日常生活中充分发挥你举一反三的思考力和创造力。

家 风 故 事

举一反三

古代有两个寺院，他们不是同一派别。每天早上，两个寺院会分别派出一个小和尚到山下的市场买菜。因为他们两个总在同一时间出门，所以总能碰面。两个人经常或明或暗地比试彼此的悟性。

一天，一个小和尚问另一个："你到哪里去？"

"脚到哪里，我就到哪里。"另一个回答。

问话的小和尚听他这样说，不知如何回答才好，站在那里无话可说。他回到寺院向师父请教，师父对他说："下次你碰到他就用同样的话问他，如果他还是那样回答，你就说：'如果没有脚，你到哪里去？'这样就可以击败他了。"小和尚听完点头称是，高兴地走了。

第二天早上，他又遇到另外一个小和尚，满怀信心地问："你到哪里去？"

没想到这次，这个小和尚回答说："风往哪里去，我往哪里去。"

提问的小和尚没料到他换了答案，一时语塞，又败下阵来。

小和尚回到寺院，将对方的回答再次传达给师父，师父哭笑不得地说：

"那你反问他'如果没有风，你到哪里去'嘛，这是一个道理呀。"小和尚听了之后，暗暗立下决心，明天一定能够胜利。

第三天，他又遇到那个小和尚，于是问道："你到哪里去？"

"我到市场去。"另一个小和尚答道。

小和尚又一次无言以对。

他的师父听了之后，只能感叹："举一反三地'悟'才是真的'悟'啊。"

只有真正掌握了别人教给自己的东西，能够举一反三地运用，才算真的学会了技能，否则别人的东西永远是别人的。

观察深思才是真学问

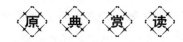

【原文】

欲要看究竟，处处细留心。

——民间谚语

【译文】

要把事情（问题）搞清楚、弄明白,那就要处处注意仔细观察。

书香传世

世界上万事万物中都蕴藏着一定的道理，善于观察万物的人能从中体会出许多道理。只要用心体会，一枝一叶、一鸟一虫中都会有无穷道理。正所谓"一花一世界，一叶一如来"，"青青翠竹尽是法身，郁郁黄花无非般若"。善于观察的人，能从观察事物中领悟道理。唐代书法家张旭，善于将自己的情绪在书法中抒发出来。他喜欢观察，世态人情、花草树木、虫鱼鸟兽、日月星辰、风云雷电、山川溪流无不在他的观察之中。他把这种观察所得都体现在笔下，因而他的书法格外生动、变化万端。

学习是多方面的，人们在学习社会经验时，千万不能轻视了解与观察的作用。无论是学习书本上的知识还是学习社会经验，都要养成善于了解、精于观察的好习惯，这样才能更快、更好地学到知识，才能以最快的速度使自己成长起来。

家风故事

画马成名的韩干

韩干是唐朝以画马著称的大画家。他笔下的马，形神兼备，气韵生动，栩栩如生。《牧马图》是韩干的代表作，是当今留存下来的绘马图中的稀世珍宝之一。

韩干出身贫贱，少年时曾在一家酒肆做工。一次，韩干给王维府上送酒，正好王维有事外出。韩干等得无聊，就在地上随便画了一些马。王维回来后，看到韩干画的马，觉得他很有绘画天赋，便推荐他去曹家学画。在曹家，经过十几年的刻苦学习，韩干终于成为一位有名气的画家。唐玄宗时期，他被召入宫封为"供奉"。此后他又在宫中跟着画马名家陈闳学习作画。

在跟陈闳学画期间，韩干改变了只临摹不写生的方法，经常到马厩里细心观察马的习性，找出马的习性特征和动作规律，并把各种各样的马记录在案。日子久了，人们对韩干经常进入马厩，甚至搬到马厩里和饲养人一起住的行为感到奇怪。而韩干却说："我学习画马，马厩里所有的马都是我的老师。"为了深入了解马的习性，他常痴痴地观察几个时辰，把别的画家不了解的具体细节都弄得清清楚楚，并牢记在心上。这样时间久了，马的各种体貌、奔跑雄姿、千变万化的动态，在韩干作画的时候就自然而然地跃然纸上。所以人们都称赞韩干笔下的马是能跑动的马。

成功不仅需要付出辛苦和努力，还需要有耐心，要善于观察和研究生活中的事物。敏锐细致的观察能力，能够使我们找到通往成功的捷径，减少差错，避免误入歧途。

齐白石画虾

　　齐白石是我国有名的画家，他成名之前走过一段曲折艰难的路程。小时候，齐白石就喜欢绘画。他善于观察身边的景和物，花草树木、鱼鸟小虫，他都能画得非常生动传神。由于家境贫寒，他没能完成学业。他在放牛的时候，一有空闲时间就去河边观察水中的虾。他把观察所得，都在画笔下体现出来。后来齐白石成了一个木匠，他也没忘记画虾，一有机会就去野外的小溪边、河流边观察虾，有时候还省出钱来买一些虾，不是为了吃，而是把它们养起来观察。齐白石的画来自生活，生动有趣，画中花鸟虫虾更是栩栩如生。

第五章

思考：学以治之，思以精之

第六章

惜时：一寸光阴一寸金

　　古人讲，"一寸光阴一寸金"。鲁迅先生说："时间，就像海绵里的水一样，只要你挤，总还是有的。"达尔文说："我从来不认为半小时是微不足道的时间。"也有人说："用分来计算时间的人比用时来计算时间的人时间多 59 倍。"

逝者如斯夫！不舍昼夜

【原文】

逝者如斯夫！不舍昼夜。

——《论语·子罕》

【译文】

时间就是像这奔流的河水，不论白天黑夜，总在不停地流逝。

书香传世

时间是生命中最大的财富，可以创造出无可比拟的价值，但时间又稍纵即逝，像流水一样不会回头。

古今中外的很多名人都对时间做过描述。我国文学家郭沫若曾经说过："时间就是生命，时间就是速度，时间就是力量。"

时间——世界上最快而又最慢、最长而又最短、最平凡而又最珍贵、最易被忽视而又最令人后悔的东西。一步步，一程程，永不停留，走过秒、分、时、日，又积成周、月、年、代。

我们不能让时间停留，但可以每时每刻做有意义的事。鲁迅说："时间，就像海绵里的水，只要你挤，总是有的。"时间是生命的单位，有些人注注利用相同的时间比别人多做许多事情。在现实生活当中，每个人有自己的时间管理方法，要做得更好，需要每个人去实践、去思考，从而找出最好的管理方法。总之，在这个充满竞争的时代，时间管理对于每一个人来说都非常重要，提高效率，才可能创造出更多的成功机会。

时间对于每个人来说，都是一种宝贵的资源。让学习成绩提高、让生活变得充满意义、在前进的道路上实现自己的梦想……所有的这一切，都是基于时间的合理分配。读一本书需要时间，听一首歌需要时间，做一道题目需要时间，写一篇文章需要时间，等等。世界上的万事万物都要靠时间才能积累，如果没有时间，一切的成就都无从谈起。因此，我们只有尊重时间、珍惜时间，好好地利用时间，才能从时间里获得回报。

家风故事

惜时好学的洪亮吉

洪亮吉是清代有名的地理学家。他为了研究地理，走遍了祖国的山山水水，积累了大量资料，写下了许多诗歌、游记，表达了对祖国山河的热爱之情。

洪亮吉从小聪颖过人，邻居都夸他勤学好问。四岁时父亲开始教他识字，他把识字当成玩游戏，无论走到哪里，只要看到认识的字，就欢天喜地地告诉父亲今天他又见到什么字了。父亲看他如此好学，五岁时便送他到私塾读书。洪亮吉在同学中年龄最小，但学习最认真、勤奋。一天，先生讲完课，让同学们自己写作业，不会的问题可相互讨论。很多同学趁机讲述自己的见闻，把先生的话当成了耳旁风，他们交头接耳，聊得眉飞色舞，只有洪亮吉在认真地写作业，旁边的同学故意和他讲话，他跟没听见一样，仍然低头一笔一画地写，同学见洪亮吉不理他，没趣地也开始写作业了。洪亮吉从不浪费时间，总是争分夺秒地读书。因此，他的成绩总是遥遥领先。一次，同学们都在玩，看到洪亮吉又在读书，几个淘气包就想逗逗他，不让他再读书了，于是就在他的后背上放了许多小玩意儿，可他只顾读书，丝毫没有发觉；一个同学又往他的耳朵上贴小纸条，他觉得痒痒，挠了两下，继续低头读书；过了好长一段时间，他站起来，只听哗啦一声，背上的东西掉了一地，同学们哈哈大笑，洪亮吉丈二和尚摸不着头脑，过了一会儿才明白是同学们在跟他恶作剧。他摇了摇头，活动了一下，又坐下继续读书。同学们看他这样珍惜读书时间，就再也不同他开玩笑了。

洪亮吉每天都要把先生留的功课温习一遍，还要预习第二天的功课，才肯去睡。先生无论什么时候抽查功课，洪亮吉都能倒背如流，同学们都很佩

第六章 惜时：一寸光阴一寸金

135

学

学海无涯苦作舟

136

服他。

六岁那年他父亲去世了，母亲只好带着他回到外祖父的家，家里人认为他是外姓人，都不把他们母子放在眼里。母亲常常边织布，边给他讲古人勤奋读书的故事。小亮吉常想：我一定要像他们一样，刻苦读书。他的汗水没有白流，学业有了突飞猛进的提高，私塾先生已经教不了他了，他只好到几十里外的一所私塾继续求学。

洪亮吉告别相依为命的母亲，背上简单的行囊，来到新的环境。这所私塾设在一座破庙里，同学都是这庙附近的乡里人，只有他一人是外乡的。白天大家在这里读书，晚上同学都各自回家了，庙里只有他一人，显得空旷阴森，每当这时他就想起母亲，如果母亲在身边多好呀！但这是不可能的，现在衣食住行都得自己打理。他从院里捡来石块，在小屋里垒了一个灶台，找来一块门板当作床，开始了自己的生活。他吃饭很简单，所有的时间都用来读书。他知道母亲送他到这样的私塾读书是很不容易的，为了节省灯油钱，他晚上看书时，就利用香案上的长明灯。夏天，蚊虫绕着长明灯不停地盘旋，叮得他左一个包右一个包，他依旧在灯下专心致志地读书，冬天，庙里很冷，他坐在香案上读书，风吹得灯来回摇曳，一会儿灯影变长，一会儿变短，像鬼影一样，很吓人。房梁上的老鼠啃着木柱吱吱地响，让人听了十分胆寒。而洪亮吉此时全身心地投入到书中，他对眼前的一切如同没看到一样，书中的每一个句子，每一个精彩段落，都能紧紧地抓住他的心，他眼前充满了光明，内心充满了知识的力量。他读书经常不知不觉就到天明，因此他的成绩在班中总是名列第一，先生很赏识他，借给他许多书，还给他进行单独讲解。

洪亮吉读遍了先生所有的藏书，知识面越来越宽，他需要读的书也越来越多，同学们知道他爱读书，都把书借给他，他从不耽误还书的时间。他还把一些精彩的部分抄下来，进行反复诵读，直到熟背为止。经过努力，他做了官，游历了许多地方，所到之处还不忘搜集当地的地理资料进行研究，写下大量的游记和诗歌，成为著名的地理学家。

洪亮吉的成功，归功于他的惜时好学。他从未把读书当成一个苦差事，而是把每一分每一秒都用来学习。刻苦的学习，换回来的是他的成功。

洪亮吉的事迹告诉我们：时间即生命。我们的生命在一分一秒地消耗着，平常不怎么觉得，细想起来实在值得警惕。我们每天有许多的零碎时间于不知不觉中浪费掉了，如果能养成一种利用闲暇学习的习惯，一遇空闲，无论多么短暂，都利用它做一点有益身心的事，这样积少成多，终必有成。

黑发不知勤学早

【原文】

黑发不知勤学早，白首方悔读书迟。

————颜真卿《劝学诗》

【译文】

年轻的时候不知道要趁早勤奋地学习，等到头发花白年纪大了才悔恨读书就太迟了。

书香传世

这是颜真卿在《劝学诗》中的名句。诗中通过这一"早"一"迟"的鲜明对比，生动形象地劝勉告诫人们：要抓住青春年华的大好时光，努力学习，勤奋读书；否则，等到光阴流逝，头发花白，才发现自己虚度青春，荒废了一生，再悔恨当初没有好好读书就为时已晚了。

人生不过几十年，犹如白驹过隙，本就十分短暂；而青春更是短短人生中的弹指一挥间，转瞬即逝。它容不得你踌躇片刻，一旦错过了读书的黄金时期，就再也无路可退。"一寸光阴一寸金，寸金难买寸光阴"，对不少人来说，这也许只是一句挂在嘴边的口头禅，而真正能理解个中深意的能有几个？却只怕都是老来方恨罢了！

读书是一个渐进的过程，是一个永不间断的过程。天涯海角有穷时，唯有学海无尽处。我们只有珍惜每一个现在，趁"年轻"这一黄金时间多

第六章 惜时：一寸光阴一寸金

储备些知识，勤学习，多读书，老来才不会觉得自己一无所知，一无所用，才不会被抛在时代的后面。少壮不努力，老大徒伤悲。与其晚年悲叹悔恨，不如趁着年轻勤学苦练，活出一个充实无憾的人生！"江无回头浪，人无再少年"，滚滚东逝的长江水不知带走了多少英雄豪杰，纵使天资聪颖过人，如空耗青春，靠"吃老本"度日，终究会与草木同朽。此时追悔，为时晚矣！

家 风 故 事

司马光"警枕"催时

司马光是北宋时期著名的政治家、历史学家。他一生勤奋好学，著书研究学问，他写的巨著《资治通鉴》流传千古，给后人留下了一笔宝贵的遗产。

司马光从小聪敏过人，喜好读书，他把每天的学习安排得井井有条。先生十分喜欢他，除了教他大家都学的知识外，还教他一些十分深奥难懂的文章。他总是专心地听先生讲解，并一遍又一遍地朗读，直到背得十分熟练。如果在背诵中有一两句话出现了错误，他就自觉地读上八遍十遍，然后再一遍遍地背诵，直到背得一字不差为止。他的努力，他的用功，他的积累，终于换来了成果，他十九岁就考中进士，成为当时很有学问的人。

司马光四十七岁时，在朝廷做了大官，每天公务缠身，没有闲暇时间，可他立志要主编一部中国通史，于是就利用晚上的时间写书。为了节约时间，他把卧室搬到书房边，只有一张木床、一床被子。写作需要一个安静的环境，为排除干扰，他身边只带了一个老仆人。为了写这部书，他要对近一千五百年的历史进行考证、整理，再按年、月编写成系统的史书。他要翻阅大量的书籍，进行归类编辑，一看就到夜深人静时。太晚了，司马光先让老仆人睡，自己继续看书、写作，这时只有繁星陪伴着他。他想在有生之年一定要完成这部巨著。司马光每天看书都要到很晚很晚，直到后半夜他才吹灭蜡烛休息。刚刚小睡一会儿，天就蒙蒙亮了，他又马上起床，到书房开始读书、写作。

司马光写书常常忘记时间。他手握毛笔不停地写，一行行文字如行云流水般从笔尖流过，一写就是很久，有时写着写着就睡着了，一觉醒来天已大亮。他非常后悔，感到自己休息的时间太长了，又感到自己已经衰老，做起事来力不从心，如果不抓紧时间，恐怕完不成这部著作，愿望就会落空。他常常告诫自己："时间不等人啊！"以此勉励自己一定要抓住每一分每一秒。

可是人毕竟有困的时候，要休息呀！怎么才能使自己睡觉有节制呢？他眉头一皱，有主意了。

在司马光家的院子里，有根碗口粗的圆木，他把树皮剥掉，擦一擦就当枕头用了。他把圆木放在床头，用手一推，圆木从这头滚到那头。他躺在床上，把脑袋搁在圆木上一试，正合适。他望着枕木，默默地祷念：枕木啊枕木，以后写作时就靠你来叫醒我了，我再也不会因多睡而耽误写书了。

从此以后，司马光再也不用担心因疲劳而起不来床了。他每天读书到深夜，累了就和衣而卧，木枕又硬又冷，怎么躺都不舒服。不过因为太疲劳，一合眼就睡着了，睡了没多久，后脑就硌出个很深的印子，又疼又麻，一翻身，圆木就滚到一边去，脑袋立即磕在硬板床上，人也就醒了，于是他立即起身继续写书。

从使用木枕那一天起，司马光就没睡过一个长觉，睡眠时间从不超过三个时辰（古代一个时辰等于现在两个小时）。司马光天天与时间赛跑，他写的书一天天在加厚，可是人却越来越消瘦，但看到自己的成果，内心有说不出的高兴。他由衷地感谢自己制作的木枕，亲昵地称它为"警枕"。

十九年寒来暑往，他没间断过一天研读各朝各代的历史，也从没间断过一天进行写作。在他的努力下，这部历史巨著诞生了，《资治通鉴》成为后人学习历史的借鉴。许多人都称这本书内容全面、文字优美，人物刻画得栩栩如生，而且该书尊重历史事实，叙事有趣、生动，成为后来皇帝治国的必读之书。出书后的第三年，司马光去世了。在整理他的遗物时，人们发现仅《资治通鉴》的草稿就堆满了两个房间。人们把他的草稿一一翻阅，发现他书写得工工整整，里面没有一个字是潦草的。

寸金难买寸光阴

【原文】

三十不豪，四十不富，五十临近寻死路。生不认魂，死不认尸。一寸光阴一寸金，寸金难买寸光阴。

——《增广贤文》

【译文】

三十岁不能成英豪，四十岁不能成巨富，五十岁时基本就没什么希望了。活着不认识魂魄，死了不认识尸体。时间比黄金珍贵，因为时间是黄金买不到的。

书香传世

人生浪漫长，漫长到人们看不到它的尽头；人生又浪短暂，短暂到眨眼间人们就失去了那么多的青春年华。注注人还在来不及思考、没学会珍惜之时，它就已经悄然而去了。青春是留不住也买不来的，人类可以花大量的时间、金钱和心思去保养，但是也只能暂时延缓衰老。自己究竟失去了什么，没有人比自己更清楚。当生命中最灿烂的时光离自己远去时，究竟带走了什么，又留下了什么？"三十不豪，四十不富，五十临近寻死路"的说法虽然悲观，却也是振聋发聩之言，是蹉跎青春之人对年轻人的一句诚恳的忠告。

"一寸光阴一寸金，寸金难买寸光阴。"时光如此宝贵，而且不会重来，拥有它的人应当自勉，无论是三十、四十还是五十，珍惜你现在拥有的，才不会等到七老八十还在追悔中度过。

珍惜时间的童第周

我国著名的科学家童第周，出生于浙江宁波的一个书香门第。他出生时，家道已经败落，全家仅靠父亲在私塾教书的微薄收入维持生活。童第周从小就很懂事，四五岁时就帮着家里做些力所能及的事，砍柴、推磨、洗衣、做饭，还帮助母亲养蚕。虽说他出身于书香门第，可是他没上过学，只是跟父亲读四书五经、诸子百家，认一些字而已，他多么希望自己也能上学啊。他多想知道天有多大，海有多深，地球的那边是什么，庄稼是怎样生长的啊……一串串问号在他脑中盘旋，他渴望到学校去解答脑中的问号。

童第周有个哥哥，比他大许多，在外做生意，挣了些钱，便推荐他到可以免费提供食宿的宁波师范学校去读书，他高兴得一夜未睡，连夜收拾好行李，第二天一大早就催哥哥送他去学校报到。

在宁波师范学校读书期间，他刻苦努力，成绩优异，老师看他学习好，又善于钻研，就让他报考宁波最好的学校——宁波实效中学。他想自己只有进最好的学校，才能学到最好的知识，于是他找到哥哥，把想法告诉了哥哥，哥哥问他："实效中学要求分数很高，而且上课都讲英语，你能行吗？""能行，我已经开始自学英语了，再说我还有一个假期的复习时间呢！"他恳求道。哥哥看他态度坚决，也就不再阻拦了。

宁波这个地方，夏天酷暑炎炎，屋里如同蒸笼一般，人们都到树荫下乘凉，小孩子们都到池塘戏水，只有童第周在屋里复习功课。村中的孩子来找童第周玩，劝他说："都学了一天，也该休息了，跟我们玩一会儿，回来再学习。"他听了后总是说："你们先去玩，我一会儿去找你们。"

等小伙伴们走后，他又孜孜不倦地学起来，汗水从他的头上流下来，身上的汗衫全湿透了，他边擦汗边看书，太热了，就索性脱下汗衫继续看书。

妈妈看他学得这样辛苦，对他说："歇歇，一会儿再学。"他对妈妈说："不行呀！这个假期我要把人家两年的知识补过来，如果不抓紧时间，开学我肯定考不上实效中学，所以，现在我必须努力！"妈妈听了他的话，也不

再劝他了。他每天除了吃饭、睡觉，其余的时间都用于学习上。

正当他全力以赴复习的时候，传来了一个坏消息：实效中学当年不招新生，只招少数优等生到三年级插班。哥哥把消息告诉了他，童第周说："哥，我一定要试试。"

功夫不负有心人，他终于考取了实效中学。虽然他学习十分刻苦，但成绩却不很理想，平均成绩只有四十五分。按学校规定，总平均成绩不及格的人必须退学或者降级。他太喜欢这所学校了，就硬着头皮请求校长把他留下，校长起初不同意，后来被他苦苦的哀求和坚定的决心所打动，勉强说："好吧，你就试试吧，不过半年以后若还如此……"

"我就自动退学，保证不再麻烦校长！"童第周抢着说。

他终于争取到了在实效中学继续读书的机会。他知道如果自己赶不上同学们的话，就再也无法在这里读书，自己的梦想也就破灭了。于是童第周拼命地读书，见缝插针，绝不浪费一分一秒。每天天还没亮他就起床，到学校的路灯下读外语。一天，巡查宿舍的老师发现童第周的床上没有人，感到很奇怪，心想这个学生会跑到哪里去呢？于是就在校园里寻找，远远地看到路灯下有一个人，走近一看是童第周，他正在专心致志地读外语。老师走到他的身旁，他一点也没发现，嘴里还在不停地念着英语单词。老师不忍心打扰他，但看他穿得很单薄，冷得蜷缩成一团，就轻轻地走过去，给他披上衣服，告诉他要注意休息。老师打心眼儿里佩服这个学生的毅力，也为学校有这样的学生而高兴。每天晚上熄灯后，他就一个人跑到宿舍外，继续学习。课间十分钟，吃饭的来回路上，他都给自己做了周密的安排，绝不让一分钟白白溜走。

半年以后，童第周总平均成绩由原来的四十五分提高到七十五分，几何考到一百分。这个好消息传到了校长的耳朵里，校长感叹地说："这孩子有前途，这种毅力是一般人不具备的，他一定能成功。"

童第周凭借自己的毅力，从一个插班生一步一步地走过来，成为全校最出色的学生。他的这种钻研精神，为他以后的发展奠定了基础，使他成为著名的生物学家，开创了实验胚胎学，为我国生物学的发展做出了巨大贡献。

成功者的脚步后面，都是一串串不平凡的经历。童第周的成长，是由他的毅力铸造的，这种精神时时刻刻激励着他，让他永不停歇。我们如果也能像童第周一样珍惜时间，一定会到达理想的彼岸。

得时无怠，时不再来

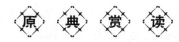

【原文】

得时无怠，时不再来。

——《国语·越语下》

【译文】

应该充分利用时间，因为光阴过后就不会再回来。

书 香 传 世

时间是组成生命的材料，浪费时间就是对生命的亵渎。只有充分利用时间，避免浪费时间，才是对生命的最大信仰，才能成为生命的主宰！

时间管理大师拿破仑·希尔说过："利用好时间非常重要，如果不能充分利用一天的时间，那么这二十四小时便会白白浪费，我们将一事无成。"诚如拿破仑·希尔所说，促使一个人成功或失败的关键，很大程度上缘于是否能够合理安排时间、分配时间。也许在你眼中毫不起眼的几分钟，却是别人获得成功的关键。

在成功人士间流传这样一句话：一小时有六十分钟，而一小时又没有六十分钟。乍看起来这句话矛盾而令人费解，事实上这句话揭露了时间的奥妙所在。表面看来一小时有六十分钟，可你是否计算过在一个小时中，你究竟用了多少分钟呢？是满打满算六十分钟，还是十几分钟，或者更少，仅仅几分钟？

如果答案令你羞于说出口，则说明你已完全被时间奴没，要知道我们是

第六章 惜时：一寸光阴一寸金

时间的主人，我们才是主宰时间、生命的人。

学习也是一样，要合理安排自己的时间，有效利用自己的时间，守时、惜时、不拖延，做时间的主人。

家 风 故 事

映雪惜时苦读书

常言道：穷人怕过三九天。孙康的家中一到三九天，更是雪上加霜，寒冷异常，可他却十分喜欢冬天，因为一到冬天，就会下雪，孙康就可以利用雪的反光读书了。他这种孜孜不倦的学习精神，成为当时文人传颂的佳话。

孙康是晋朝人，自幼家里很穷，根本就没有读书的机会。孙康白天要干活，一直要干到太阳落山。只有到了夜晚大家都休息了，他才有读书的时间。没时间读书，并没有成为孙康读不了书的理由，更没有湮没他远大的志向。他从小就有远大的抱负，不愿做时间的俘虏，更不愿庸庸碌碌地走完一生。他觉得自己年轻，精力充沛，应抓紧时间读书，于是他就利用晚上的时间读书。夜深人静，四周静悄悄的，整个世界都进入了甜美的梦境。此时，孙康点上油灯开始读书了。他全身心都投入到读书中，感受着知识的力量，常常读到很晚很晚。他觉得晚上读书真好，既安静，注意力又集中，脸上常浮现出甜蜜的笑容。没过多久，他碰到了新问题。他每天读书这么晚，一个晚上都要用去一盏灯油，家里这么穷，哪里供得起呢？孙康是一个非常懂事的孩子，他十分理解家中的困境，不愿再给家中增添负担，每当灯油熬干后，他舍不得再点上一盏，而是躺在床上默默背诵自己看过的篇目，实在想不起来的地方，他就等第二天天一亮再看。他对每一篇文章都做深入的理解，分析比较文章的独到之处。孙康天天如此，无论活儿有多累，他从不间断，坚持读书。

一年冬天，鹅毛般的大雪从天而降，屋里没有生火，冷极了，手伸出来一会儿就会冻木。人坐在屋里待一会儿，浑身就如同在冰窖里一样，寒冷异常。然而，孙康依然围着被子蜷曲地坐在床头读书，怒吼的北风打得窗户啪啪直响，孙康还在专心致志地读书，突然，他发现窗户越来越亮，是天亮了吗？他惊奇地趴在窗户上往外看，啊，整个大地银装素裹，是那么亮，犹如几十盏油灯点燃一样。他披上外衣，走到门口向外望去，原来是雪把窗口映亮的。他望着这银白的世界联想到：雪能映亮窗户，我何不利用积雪的亮光读书呢？他兴奋地转身跑回屋，拿起书向雪地跑去，找了一块积雪最厚的地方，蹲下来读书。一行行字是那样的清晰，他贪婪地读着，越读越高兴，心想从今以后我就可以映雪读书了。雪花落在身上，他一会儿就成了一个雪人，但他只顾看书，根本顾不上掸去身上的积雪；刺骨的寒风吹在他的脸上，像刀割一样；单薄的衣服无法抵挡严寒，冻得他直打哆嗦，但他内心充满了喜悦，是书籍给他带来无尽的欢乐，是知识给他带来了温暖。夜已很深了，孙康还在全神贯注地读书，在父母的再三催促下，他才回屋睡觉。

从此以后，只要一下雪，孙康高兴得像得到一块金子似的，因为他又能映雪读书了。他这种读书精神被传为佳话，远乡近邻每一个家长都拿孙康读书的事教育自己的孩子，让他们像孙康一样刻苦学习，不要总讲自己学习不好的原因。在他的带动下，周边的孩子都十分热爱学习。他的故事也流传下来，鼓舞教育着一代又一代人。唐代徐坚在《初学记》卷二引《宋齐语》来宣传孙康映雪苦读的事，书中写道："孙康家贫，常映雪读书，清淡，交游不杂。"成为人们教育孩子读书的楷模。

事实上，人生就是如此。我们难免会遇到无数挫折、困难及烦恼，但这并不意味着你注定要被打败。如果你秉持真诚的信念，珍惜时间，坚信好运必来，就能突破重围，任何难题都将迎刃而解。这一点适用于每一个人，每一种场合。

第六章 惜时：一寸光阴一寸金

学贵惜时

【原文】

人之居世，忽去便过。日月可爱也！故禹不爱尺璧而爱寸阴。时过不可还，若年大不可少也。

——王修《诫子书》

【译文】

人生在世，很容易过去，所以时间非常宝贵。大禹不爱直径一尺的玉璧而爱很短的光阴，是因为时间一去就不会回来，如同年纪大了不能再变为少年一样。

书香传世

人要珍惜光阴，因为时间难得，失了就不可复得，正如人的年纪大了不能再变为少年一样。

一个人珍惜时间，就是爱惜他自己的生命。自古以来，大凡取得成就的人，没有一位是不珍惜时间的。

学习从某种意义上来说就是一个不断地积累、积少成多、集腋成裘的过程。学习机会是广泛的，生活中的每一步都有可学的东西，所以一个人要想学有所成，就一定要抓紧一切可以利用的时间进行学习。

知识能使人富有。现代社会，每个人都面临着不同的压力，属于自己的时间、空间被压缩得很小。但每天拿出十分钟的时间读书，应该不是什么难事。每天坚持做下去，你将会受益无穷。一个人储蓄的知识越多，人生才越充实。因此，持续的努力，细小的进步，日积月累，会变成巨大的精神财富。

抓紧一切时间，利用每一分钟，及时学习是非常必要而且有效的。在我们的生活中，有太多的零碎时间被浪费，如果一个人每天都好好地利用自己的时间，那么就一定会取得浪高的成就。

家风故事

学习要趁早

鲁迅的一生是成功的一生，是为事业奋斗的一生，留下了许多不朽的名著。

鲁迅出生于浙江绍兴，从小就非常珍惜时间。在他上私塾的时候，家里开了一个当铺，平常都由他父亲打理，十分繁忙。不幸的是，这一年由于气候不好，当铺事情多，父亲累倒了，卧床不起。鲁迅有两个弟弟，但因年幼，做不了当铺里的事，鲁迅只好帮着父亲打点，干完了当铺的事，又得帮父亲买药，照料父亲。他不忍心看到家里的活都落在妈妈一人身上，还要挤出时间帮妈妈干活。妈妈看他太累了，就劝他少干点，他总说："没事，我不累!"有一天，鲁迅起床看到妈妈又在干活，急忙跑过去帮忙，干完这样，干那样，妈妈不时地催他去上学，他说还早呢，又帮妈妈干了起来。等到帮妈妈干完活，他发现上学时间已经过了，便背起书包拼命向学堂跑去。到了学堂，老师已经讲课了。老师看他迟到了，狠狠地批评了他。鲁迅低头听着老师的训话，没有解释一句，但他暗下决心，以后再也不能因为帮家里干活而迟到了，为了使自己永远记住这件事，他在桌子上刻了一个"早"字，来告诫自己做什么事都要趁早，要珍惜时间，不让一分一秒从自己身边流过。

鲁迅的一生真是这样做的，他对时间非常吝啬，常常对人们说："时间就像海绵里的水，只要你挤，总是有的。"

他看到当时时局动荡，老百姓被一些虚假的宣传所蒙蔽，就放弃了学医，拿起笔作为战斗的武器，写下了一篇篇激昂的文字，抨击国民党政府的反动、腐败和无能。为赶写稿子，他经常工作到凌晨，稍稍休息后又开始工作，有时一直工作到晚上才离开工作室。他不分白天黑夜连续工作，困了，泡上一壶浓茶；再困，和衣小睡一会儿，要不就狠狠地吸上几口烟，继续工作。鲁迅的勤奋，善于争取时间，使他走向了成功。

鲁迅珍惜时间胜于生命。鲁迅当时已经很有名了，许多人认为他的成功是因为聪明。鲁迅说："我哪来的聪明，我是把别人用来喝咖啡的时间都用来学习。"他也说过："美国人说，时间就是金钱。但我想，时间就是性命。"鲁迅看不惯有些人没事到这家坐坐，到那家聊聊，说东道西。在他眼里这些人就是在浪费自己的生命。一次，一个朋友找他聊天，正好他那天特别忙，他对朋友说："唉，你又来了，就没有别的事做吗？"说得朋友尴尬得低下了头，转身走了。鲁迅对浪费时间的人毫不留情，可有一种情况例外，他对青年人的培养特别尽心，他无论工作多忙，只要有青年人向他请教问题，他都会把手头的工作放下，尽心尽力地去帮助他们。如果接到他们的处女作，他会把自己手上的文稿放下，一字一句地进行修改，修改后，还给他们写回信，或是与他们面谈，一谈就是好几个小时。许多青年人在他的教导培养下，成为有名的作家。

鲁迅在日本留学期间就开始写作，那时他才二十六岁，发表了《摩罗诗力说》《文化偏至论》等重要文章，回国后他又发表了《狂人日记》《呐喊》《坟》《热风》《彷徨》，其中《阿Q正传》是中国现代文学史上杰出的作品之一。在三十年的写作生涯中，他亲手写作、翻译、辑录的文字约一千多万字。他不停地耕耘，这来自他的救国救民的愿望，来自他的勤奋，来自他对时间的珍惜。他的笔从不停辍，平均每年写作三十三万多字。鲁迅的一生，对中国的文化事业做出了巨大贡献，他的人生征途，永远在与时间赛跑，永远站在时间的前面，这是他能成为中国伟大的文学家、思想家和革命家的重要原因。鲁迅的一生是成功的一生，是大有作为的一生。他的成功归于他对时间的爱惜。他从不浪费一分一秒，也非常气愤那些无所事事浪费时间的人。

学习上早起步

【原文】

人生一世，草生一春。黑发不知勤学早，转眼便是白头翁。月过十五光明少，人到中年万事休。

——《增广贤文》

【译文】

人只能活一辈子，草木也只能生长一个春天。年轻时不知及早勤奋学习，转眼间就成老年人。月亮过了每月的十五就一天比一天暗淡，人到了中年就没什么事业可谈了。

书香传世

人的一生之中最美好的时光莫过于青少年时代，这个时候人们风华正茂、春风得意，正是学习和创业的大好时机。如果错过了，等到年老体衰、记忆力减退之时再从头学起，恐怕已经力不从心了。所以，人们应该珍惜自己的青春年华，在它还属于你的时候去爱护它、善待它，那么当它离你而去时，才不会在自己的内心留有遗憾。

当然，说青年时期是人生中最美好的时光，并不代表只有年轻时才能学习和创业，人应该活到老学到老，只有不断汲取知识的养分，才能跟上时代的步伐。而且"月过十五光明少，人到中年万事休"，这句话太过悲观也并不合理，人到中年同样可以有所作为，而且可能比少年得志的人成就更大。因为他们已经过了血气方刚的年龄，虽然他们身上可能少了年轻人的热情，但是多了一份沉稳与老练，做事情更加懂得深思熟虑，因此成功的概率也就越大。

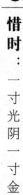

第六章 惜时：一寸光阴一寸金

所以，无论人生的哪一个阶段，都是人的生命中绝无仅有的一部分，都不应该在浑浑噩噩中虚度，只有珍惜光阴才能收获精彩的人生。

家风故事

学习上早起步

李贺，唐朝疏宗郑王李亮的后裔，生于福昌（今河南宜阳）。

李贺的早慧，表现在他善写诗。据说他七岁就能作诗，不但常人觉得出奇，就连当时有名的文学家韩愈都以为不可信。

有一天，韩愈路过李贺家，便进去看个究竟，让李贺当场赋诗。李贺见韩愈让自己当即作诗，竟然没有丝毫的胆怯，而是不假思索，提笔就来，很快就写了一首《高轩过》。韩愈不但相信了李贺善写诗，还连连称奇，说这个孩子早慧。

七岁的李贺便能写出不错的诗篇，早慧是事实，但若要追溯李贺早慧的根源，几乎不存在任何神秘——他的天才，来自他的勤奋，来自他的刻苦努力，来自他的呕心沥血。

从很小的时候起，李贺对诗歌的迷恋就到了痴迷的程度。他以为，要作出好诗来，非亲眼所见、亲身体会所不能。因此，每天当太阳刚刚升起的时候，李贺就从家里出来，他在前头骑着一匹瘦马，身上背着一只破旧的锦囊，身后跟着一个小书童。主仆二人信马由缰，漫无目的地行走着。他边走边观赏沿途的水色山光、花草树木。面对大自然，李贺的表情时而凝重，时而微笑，时而沉思，时而释怀。那凝重，大约是得到了某种重要的启示；那微笑，可能是由凝重而来，或许是产生了好的构思、佳句；那沉思，可能是由景物联想到了人或更重要的问题；那释怀，似乎该是把难解的问题想通了吧。诗人，只有当与诗有关的问题迎刃而解，才会如释重负！

李贺要做的是紧紧抓住那稍纵即逝的创作灵感，每有所得，便赶紧记在纸片上，再把纸片装进锦囊里。

当夜幕降临，并很快包围大地的时候，似乎一切全都化为乌有。当时李贺觉得已经什么都看不见了，当日直观追寻诗的踪迹活动，也就只好到此为止。他走进家门，来不及休息就伏案工作，是为了把白天写的诗重新整理修改或补充完善。

就这样，李贺每天早出晚归，从大自然中寻觅诗的踪迹。他的诗，就是这样写出来的。

李贺的诗歌创作，坚持有什么感受就写什么，从来也不先命题而后创作。这样一来，他的诗便没有了束缚。

李贺的母亲很为儿子的健康担心，李贺一回到家，她就立即吩咐侍女检查李贺的锦囊，如果发现纸片稍多，便生气地说："是儿要呕出心乃已耳。"

李贺的诗，不是写出来的，而是心血付出的结果。

李贺的诗，具有强烈的个性，色彩浓郁、形象鲜明，充满浪漫主义的气息，语言极精练，每个字都是经过锤炼的。历史上对他的诗，有"其文思体势，如崇岩峭壁，万仞崛起"的评价。今天看来，这样的评价是中肯与恰当的。

李贺的诗，直到今天仍旧影响着世人，如"天若有情天亦老""黑云压城城欲摧""一唱雄鸡天下白"等名句，不但脍炙人口，影响更是深远。这些千古传诵的名句，都是李贺呕心沥血的结晶。

李贺的生命是短暂的，仅仅活了二十七岁。他的早逝与一个字有关。不过，这个字可不是他诗中的字，尽管在中国的历史上，"文字狱"往往是屡见不鲜的。那究竟是个什么字，竟然要了李贺的性命呢？说起来，这又是一段令人啼笑皆非的故事。

李贺虽然才华横溢，但在仕途上却并不顺利，甚至还遭到了同僚的排挤。当时人们最重视的是进士科，官员都以进士出身为无比的荣耀。以李贺的才学，考中进士并不是什么困难的事情。可是，他在顺利通过府试，正雄心勃勃地准备应进士考试的时候，突然有人说，李贺父亲名字中的"晋"与"进"同音，李贺应该避"家讳"，不得应进士举。就是这个字，把李贺的锦绣前程生生地给断送了。

文学家韩愈对李贺非常同情，他还专门写了篇《讳辩》的文章，批判这种愚昧无知的现象。

诗人李贺是脆弱的，他无法承受这样沉重的打击，从此郁郁寡欢，虽然仍旧作诗不辍，但劳累与精神打击，使他过早地衰老，以致走向了另一

157

惜时：一寸光阴一寸金

个世界。

李贺不但留下了二百多首诗，还给世人留下了学习上早起步、创作上重实际的重要启示。

活到老，学到老

【原文】

幼而学者，如日出之光，老而学者，如秉烛夜行，犹贤乎瞑目而无见者也。

——《颜氏家训》

【译文】

从小就学习的人，就好像日出的光芒；到老年才开始学习的人，就好像手持蜡烛在夜间行走，但总比闭着眼睛什么都看不见的人强。

书香传世

古来圣贤皆重视学习。孔子说"学而不已，阖棺而止"，庄子说"吾生也有涯，而知也无涯"，荀子说"学不可以已"。年轻时，学习是为了理想，为了安定；中年时，学习是为了补充空洞的心灵；老年时，学习则是一种意境，慢慢品味，自乐其中。

确实，不爱学习，即使大白天睁着眼，也只能两眼一抹黑；只有经常学习，不论年少年长，学问越多心里越宽堂，才不至于盲目做事、糊涂做人。

无论我们身处在哪个年龄阶段，都不要放弃学习，智慧在于日常的积累，大脑不用也会生锈。

古来大器晚成者有很多。曾子十六岁时才开始学习，最后闻名天下；荀子五十岁才开始到齐国游学，最终成为大学者；皇甫谧二十岁才开始学习《孝经》；公孙弘四十岁才开始读《春秋》；朱云四十岁才开始学《易经》，他们最后都成了大学者。

家风故事

大器晚成的张充

张充，南朝吴郡（今江苏苏州）吴人。二十九岁之前，他在人们的印象中是个不学无术、游手好闲、放荡不羁、贪图享乐的人。对于张充的表现，人们背地里说："纨绔子弟，不过如此。"

张充的父亲张绪，是南朝萧齐时期的名臣，曾担任过中书令、国子祭酒、吏部尚书、金紫光禄大夫等重要职务，他为人谦和，饱读诗书，很受人们的敬重。

但是，张充却不争气，不但不愿意读书，更不讲究个人的品德修养，唯独喜好玩耍飞鹰走狗、打猎玩乐。人们都说"子不教，父之过"，张绪只顾在京城做官，没有工夫管教自己的儿子。其实张绪在京城为官，的确很少回家，管教儿子，他是有心无力。

有一次，张绪从京城回来，刚进县城西门，正巧碰上要出城打猎的张充。张绪看见儿子此时的打扮非常气恼。只见张充左臂套着皮套袖，肩膀上驾着只精神抖擞的猎鹰，右手牵着条瞪大了眼睛的猎狗。张充见父亲从船上下来，实在躲不过去，只好硬着头皮走了过去，放下肩上的猎鹰，脱下皮套袖，把猎狗交给随从，对父亲行大礼。

张绪强压怒火，冷冷地说道："你这一身担负两样劳役，真是太辛苦你了！"听到父亲对自己的责备，张充的脸像变脸的戏法儿一样，红一阵、白一阵，心里不是滋味。

看见儿子表情上的变化，张绪认为，别看儿子年岁不小，但并非不可救药，于是他狠狠地教训了儿子一顿，要他从此重新做人，改过自新，读书上进。

父亲对自己严厉的批评，使张充无地自容，羞愧万分，他跪在地上对父

第六章　惜时：一寸光阴一寸金

亲表示："我听说一个人三十而立，今年我二十九岁，我明年一定会变个样子。"

父亲听了儿子那幼稚的回答，哭笑不得，以为他已是冥顽不灵，只求他别再惹是生非，他喜欢做什么就由他去吧，根本对他没抱什么希望。

虽然张绪对儿子不抱希望，但张充却从此"修身改节"，努力克服自身的缺点，断然丢掉了鹰，弃了狗，扔掉了所有打猎的家伙，躲进了书斋，发奋读书，很快在学习上有了很大的进步。尽管张充起步较晚，但年龄、阅历以及家庭环境等优势，对他钻研知识，认识问题有很大的帮助。加上他而立之年才"立志"，一些文人与士大夫觉得他的突变很新鲜，出于好奇，便经常同他一起辩论各种哲理问题。张充博闻强记、口齿伶俐，与文人士大夫辩论问题，总能有很好的表现，很快他的名声就大了。后来，人们都说，张充的辩才，可同他的叔叔张稷媲美。

张稷是当时有名的才子。人们拿张充同张稷比较，可见张充的进步很大。

开始，张充担任了吏部尚书，负责选拔人才的工作。后来又担任国子祭酒，专门负责政府教育机构和最高学府工作。由于他的政绩突出，不断得到提拔和重用。

张充为官清廉正派，史家评价他是"少不持操，晚乃折节，在于典选，实号廉平"，并称他为梁朝的名士。

张充三十而立，大器晚成，给年岁稍大且有志于成材的人树立了"后起之秀"的榜样。

时无重至，华不再阳

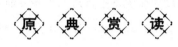

【原文】

人寿几何？逝如朝霜。时无重至，华不再阳。

——陆机《短歌行》

【译文】

人的寿命能有多少，光阴流逝就像是清晨的露霜一样。时间不会再重来，花落去就不再开放了。

书香传世

人生在世，真正可以利用的时间非常有限。一个人从幼年到老年，至少有四分之一的时间是在睡觉休息，再加上花费在衣食住行以及保健卫生上的时间，剩下的时间并不是很多。幼年时还不懂事，凡事都依赖于人，根本不可能做什么事情；老年时精力衰竭，想做事情也可能是心有余而力不足。所以每一个人的一生，能留给自己创造人生价值的时间是非常有限的。在这样的情况下，如果我们对每一件事情都特别执着，都要求成功，是不切实际的想法。做事情有成功的时候，也必然会有失败的时候，要求每一件事情都只许成功不许失败，在有些情况下只能是美好的愿望罢了。

人生有限，我们需要把时间与精力用在最有价值的事情上。什么事情是最有价值的？没有统一不变的标准，因人而异。有的人认为创造大量社会财富是最有价值的事情，也有的人认为在科学研究上取得成就是最有价值的，还有人认为教育子女、建设一个和谐美满的家庭是最有价值的。每一个人都可以依据自己的价值标准，把时间与精力用在最有价值的事情上。

有时候我们可能会认为时间还有很多，尤其是对于青年人来说，他们的

第六章 惜时：一寸光阴一寸金

时间似乎还有很多。实际上仔细想来，每一个人的时间都是非常有限的，因此我们无论做什么事情都要趁早。与其到最后舍不得放手，幻想世界上能有某种使人长生不老的灵丹妙药，不如在一切还来得及的时候，早做选择、努力做事。才女张爱玲曾说过，"出名要趁早，来得太晚的话，快乐也不那么痛快"。当然，我们每个人的追求不一样，不是每一个人都想要出名，可能对于有些人来说出名不是什么好事情。只是我们需要把握人生，了解生命有限，那就要早为自己的人生路做出选择。鱼与熊掌不可兼得，人不可能做所有事情，也不可能把所有事情都做得尽善尽美，应该选择符合自己志趣的事情并把它做好。

家风故事

惜时刺股苦读书

苏秦，字季子，汉族，东周战国时期周王室直属雒阳（今河南洛阳）人，战国时期著名的纵横家，与张仪齐名。他曾经拜当时很有名望的鬼谷子先生为师。下面是他珍惜时间，努力学习的故事。

苏秦非常好学，可家里十分贫穷，糊口都难，更不用说拿钱去买书。为了读书，苏秦常常用别人想不到、不敢想的方式去挣钱，比如将自己的头发剪下来换钱等。没有纸，他就像古人那样把竹子削成薄片，做成竹简；竹简多了，没袋子装，他就剥下树皮编成书袋。由于苏秦勤奋好学，鬼谷子先生很喜欢他。

过了一段时间，苏秦认为自己已经学到了老师的本领，便收拾好行李，到秦国去闯荡。他一连写了十几封建议书，可当时的秦惠王对他这个无名小卒根本不上心，连看都没看一眼，就把建议书扔在一旁了。

这一扔不打紧，苏秦可惨了。他左等右等，等了近一年的时间，也没有得到秦惠王的回音。这时候，钱也花光了，衣服也穿破了，不得不挑着书箱行李离开秦国。一路上，他吃也吃不好，睡也睡不安稳，又黑又瘦，像个乞丐。

回到家后，家人见他这副模样，都不理他。他的妻子在一旁一边抹眼泪一边织布；父母亲坐在那儿也不跟他说话；嫂子见他在外面一事无成，还赖在家里靠家人养活，早就气不打一处来，气鼓鼓地发着牢骚："大丈夫在世，应该做点儿实事，像你哥那样做点儿小买卖，一天下来虽然赚不了多少钱，但起码能养家糊口啊。哪像你，读了那么多书，到头来却也只能混到这般模样。真是活该！"

苏秦叹了口气，站起身来，自言自语道："麻雀怎能知道大雁的志向呢？现在妻子不把我当丈夫，嫂子不把我当小叔，父母不把我当儿子，怪只怪我学艺不精呐！"

从此以后，他把自己关在房子里，找出自己所抄的几十箱书，精心挑选了一部分，然后埋头苦读，仔细研究。

可每天夜以继日地读书，时间一长，他就会困得眼皮开始打架，有时还伏在桌子上睡着了。每次醒来后，看到时间又过了一天，苏秦总觉得非常可惜，可一时又找不到合适的方法使自己不打瞌睡。

有一天，苏秦读着读着又困了，一不小心，头嘭的一声撞在了桌子上，桌子旁的一把锥子正好刺中了他的手臂，疼得他睡意全无。望着还沾着血的锥子，苏秦想到了一个制止自己犯困的方法。

从那以后，每当觉得精神疲惫、想睡觉的时候，苏秦就抓起锥子往自己的大腿上扎，那钻心的痛马上使他甩掉睡意，继续学习。

就这样，苏秦学习了大约一年，学问大有长进。于是他第二次离家，向各国国君提出自己的建议，最后终于得到六国国君的重用，六国国君都聘请他担任自己国家的丞相。

苏秦刺股苦学，终于学有所成，家里人也不再瞧不起他了。

157

人生短暂不可虚度

【原文】

天地有万古，此身不再得；人生只百年，此日最易过。幸生其间者，不可不知有生之乐，亦不可不怀虚生之忧。

——《菜根谭》

【译文】

天地能够万古长存，可是人的生命却不可再次获得；人的一生只有百年光景，是最容易度过的。有幸生活在世界上，不能不知道拥有生命的乐趣，也不能够不时常担忧是否会虚度一生。

书 香 传 世

不要以为自己还年轻就可以浪费光阴，不要以为寻求自由就是随心所欲，这是非常危险的。如果这样，等你有一天突然醒悟，会发现自己虚度了太多光阴，失去了太多，后悔为时晚矣。

生命的入口只有一个，也只能进入一次，而且时间短暂。为了活出生命的价值，不能不知道拥有生命的乐趣，也不能够不时常担忧是否会虚度一生。

其实，我们可以在很多方面发掘生活的乐趣，也可以在很多方面多些努力来避免虚度光阴。人活着就是一种莫大的幸福，学会珍惜才不会让生命贬值。所以，学习时，要抓紧时间、提高效率，趁自己还年轻，把人生的基础夯实；闲暇时，珍惜和家人、朋友相处的时间，并尽力维护彼此之间的感情，人生的乐趣才不至于被荒废；一个人时，或置身自然，或静思关心，用自然之灵气养身，用自省之智慧养心。"有生之乐"和"虚生之忧"就会共同推进最多不过百年的人生进程。

齐白石不让一日闲过

齐白石是中国杰出的书画家、篆刻家。他的一生是奋斗的一生，是勤奋的一生，被文化部授予"人民艺术家"的光荣称号。

齐白石出生于湖南省湘潭县的一个贫困农民家庭，全家人整日为吃喝发愁。齐白石到了入学的年龄，父母又为他上学而发愁，家里连油盐钱都没有，怎么办呢？最终父亲还是把他送入村子里办的学堂去读书。来到学堂后，齐白石很努力，老师们都很喜欢这个热爱读书的孩子，可只读了半年，他就因家里的生活实在无法维持而不得不辍学，去山里放牛、砍柴。干活间歇他就拿根木棍在地上画画。家里穷，没钱买纸，他就把别人扔掉的旧账簿和写过字的纸拿来练习画画，他见什么画什么，画画的兴趣十分浓厚。

他从不放过任何机会学习画画。有一年，齐白石到一个雇主家干活，干活中他发现了《芥子园画谱》。他走过去细细地端详这个画谱，双眼闪烁着快乐的光芒，这是他梦寐以求的书啊。这是一部乾隆年间翻刻的、五彩套印的画谱，是稀世珍宝。他想：我一定要把它画下来。可画这些画，需要很多纸和笔墨，但他的工钱太少了，不够买纸和笔墨，于是他决定省吃俭用，要想把这些画画下来，也只能这样做了！为了实现自己的愿望，他拿着仅有的钱来到画店，毫不犹豫地买了纸和笔。纸笔是买了，可下半月吃什么，他一点也没有想。回到家后，他先把画勾勒下来，然后趴在桌子上临摹，一遍不理想就两遍，两遍不行，接着第三遍……他从一遍遍的临摹中练习了作画的技巧，领悟到画里所蕴含的高超技法，他终于明白了绘画的途径，画作有了突飞猛进的飞跃，书法也有了长足的进步。

齐白石的祖母是一个地道的农民，看到孙子这样痴迷于绘画、写字，非常不理解。她认为生在穷人家，会干活，有个好身体，能养家糊口就行了，成天画什么画呀？一天，祖母实在忍不住了，便对齐白石惋惜道："你从小就这样好学，只可惜你投错了胎，不应该生在我们这样的穷人家，像我们这

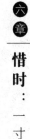

159

第六章

惜时：一寸光阴一寸金

样的穷人，学绘画、写字能有什么用呢？俗话说，'三日风，四日雨，哪见文章锅里煮'。明天就没米下锅了，你又有什么办法？"说完不住地叹息。

齐白石听着祖母一声声的叹息和埋怨，心想：祖母说得对呀，在这贫富悬殊的社会里，富人干什么都那么容易，而穷人整天为吃喝而奔波，生活多么艰难呀！但他太喜爱画画了，他没有任何理由能说服自己不学画画。眼前虽说困难重重，但一点也不能磨灭他学绘画的决心，他是一个有志向的青年，立志要做一个有学问的人，在一首诗中他写道：

挂书无角宿缘迟，二十七年始有师；

灯盏无油何害事，自烧松火读唐诗。

诗中写出了他的理想和决心。五十七岁那年齐白石来到北京，靠卖画、刻印为生。但他没想到当时北京画界的门户之见和文人相轻之风极甚，他们只看门户，而对于乡下来的齐白石根本不放在眼里，认为他没有任何背景，会有什么作为？每当他把画价标出后，虽然售价比旁人要便宜一半，可仍然无人问津，怎么办呢？是打退堂鼓，还是继续追求自己的理想？齐白石经过苦苦思索，下定决心，不管前面是风霜雨雪还是艰难险阻，他都要义无反顾地坚持自己的理想走下去。他给自己重新制订计划，向新的高峰攀登，打破传统的绘画模式，独创绘画风格，使自己的艺术登上了新的台阶。又经过多年的努力，到他六十五岁时，终于形成了别具一格的齐白石绘画风格。人们惊叹他高超的艺术水平，争相购买他的画作。

齐白石的一生从未停止过绘画，在艺术上达到了炉火纯青的境地。他的作品蜚声中外，威望甚高。新中国成立后，他曾任中国美术家协会主席，中央美术学院特级教授。1953 年，文化部为了表彰他在艺术上取得的成就，授予他"中国人民杰出的艺术家"的光荣称号。

第七章

持恒：万事从来贵有恒

学习没有捷径，"一日暴之，十日寒之，未有能生者也"。只有"不畏艰险沿着崎岖山路向上攀登的人，才能到达光辉的顶点"。"人贵有志，学贵有恒。"这个道理是千百年来人类在实践中总结出来的，它深刻地阐明了做人最可贵的是有志向，做学问最难得的是持之以恒。

坚定信念，善始善终

【原文】

墨子曰：事无始终，无务多业；举物而暗，无务博闻。

——《墨子》

【译文】

墨子说："做事有始无终，就不要去从事更多的事情；做一件事情都糊里糊涂，就不能追求博学多闻。"

书 香 传 世

人的精力是有限的，所以，我们做任何事都应该精力集中，把自己所要做的事做到最好。倘若做事时三心二意、三天打鱼两天晒网，就很可能使已有的成绩付之东流。学习同样如此，如果你在学习的过程中精力分散，态度不端正，就很可能用最长的时间学到最少的知识，甚至一点收获都没有。因此，钢铁大王卡内基说："把你所有的蛋放在一个篮子里，然后看住这个篮子，不要让任何一个蛋掉出来。"

学习的目标能否实现，在很大程度上取决于你是否具有专心致志的学习态度。把精力集中到自己的学习目标上，这对于学习来说是极为重要的。

当你有了自己的学习目标时，就要将所有的精力集中到所要学习的知识上，争取在最短的时间内将自己所要学的知识装进脑袋，不要让外界的事物影响你的注意力。在实现目标之前，要心无旁骛，紧紧盯住自己的目标，下定决心、持之以恒，直到最终完成为止。养成集中注意力的习惯有助于你在所有的事情上都能做出最为精准的判断。在学习的过程中，专注是提高学习效率的一个重要保障。但是，我们中间的有些人却做不到这一点。他们总是很容易受到外界的干扰，很容易将自己的精力分散在无关紧要的事情上，结果当然是事倍功半。这样的人必然会失掉宝贵的时间和成功的机会。

家风故事

十年沥血著红楼——曹雪芹

曹雪芹名霑，字梦阮，号雪芹，又号芹溪居士，清代著名文学家。曹雪芹多才多艺，能诗善画，嗜酒健谈，性格傲岸。旷世奇作《红楼梦》是其对世界文学宝库的杰出贡献；而他的《南鹞北鸢考工志》，则填补了我国扎风筝技艺的一项空白。

曹家世袭江宁织造，曹雪芹幼年时家势曾显赫一时，后来其父因事获罪，产业被抄，家道衰落。在命运的无尽颠簸中，曹雪芹身世如转蓬，四十岁左右，他流落到北京西北郊，栖身于"蓬牖茅椽"之下，"绳床瓦灶"之旁，家境清贫，过着"举家食粥"的日子。《红楼梦》正是他在这种艰苦的条件下，披阅十载，增删五次，倾其心血的结晶，可谓"字字看来皆是血，十年辛苦不寻常"。他的友人张宜泉在他辞世后来到其故居，发现他的遗物除了裹在破囊里的素琴和躺在旧匣子里的长剑外，就只剩下一束束的文稿和绘画了。

据说曾有人推荐曹雪芹为宫廷作画糊口，但他以"有志归完璞""潇洒做顽仙"拒绝，依旧写他的《红楼梦》。真是"满纸荒唐言，一把辛酸泪，都云作者痴，谁解其中味"！

第七章 持恒：万事从来贵有恒

勤能补拙，熟能生巧

原　典　赏　读

【原文】

三日不读，口生荆棘；三日不弹，手生荆棘。

——《答野节问》

【释义】

三天不读书，口就生疏了；三天不弹琴，手就像长了荆棘那样不灵活了。比喻一停止练习，知识和技艺就会生疏。

书　香　传　世

"熟能生巧"是我国的一条古训，一般都认为，从古代起大家普遍采用这一原理来指导学习。于是，对于操作性技巧，就有"拳不离手，曲不离口"的说法，反复练习，就会获得手艺。而"熟读唐诗三百首，不会作诗也会吟"似乎是指有创造意义的学习。无论是读书还是学习技艺，只要持之以恒，最后都能够得心应手。

熟能生巧意味着不能半途而废，而是要持之以恒。当孟子的母亲听说孟子在学习上想要半途而废的时候，如果不是毫不犹豫地拿起剪刀剪断了自己辛辛苦苦纺织了浪久的布，恐怕孟子不会明白半途而废是一件多么可怕的事情，而我们也就失去了一位勤奋学习、继孔子之后儒家学派的又一大圣人，这便是持之以恒的力量。孔子曾经说过："学而时习之，不亦说乎？""温故而知新，可以为师矣。"这些都告诉我们学习任何东西都要"拳不离手，曲不离口"。

家	风	故	事

持之以恒，必成大器

宋朝时有一个著名的学者，名叫陈正之。他天生愚钝，智力发育不全，长得傻里傻气，谁见了他都摇头说这孩子无法教导，认为他是个先天的呆子。因此，左邻右舍都叫他傻子。他也认为自己傻，人家叫他傻子，他就答应，没有丝毫的不愉快。陈正之一天天长大，到了该上学堂念书的年龄，他也随着小伙伴们一起读书，可他读书非常吃力，先生教过的知识，别的同学学上一两遍就全明白了，他读上四五遍依旧糊里糊涂，不知书中讲的是什么意思。一堂课先生给其他同学讲了很多字，可他只学四五十个字，就弄不清楚哪个字怎么念，更不清楚每个字的意思，在他眼中，那些字如同天书一样。别人学习一篇字数少、内容浅显的文章，一会儿工夫就背下来了，可他半天也背不会，他读上几十遍，还读不通顺，结结巴巴的。同学们看不起他，嘲笑他，说他笨，说他愚，有时还用一些文章来耍弄他，使他十分尴尬。因为他笨，兄弟姐妹、亲戚朋友也无一人看得上他，都嫌他天生痴呆，无可救药，对他呼来唤去。他心里十分难过，一种无形的压力压得他喘不过气来。

人们越是这样对待他，越是坚定了他自强的决心："我不像你们想象的那样，我也是个有志气、有追求的人！"

他从不放弃对自己的要求。他想："我就不相信自己不如别人，别人学一遍的知识，我学六遍七遍，你们玩的时候，我读书。我一定要做个有学问的人。"有了决心，还要有行动，他清楚地认识到自己的弱点，笨是客观存在的，怎样来弥补这一缺陷呢？他睡觉想，吃饭想，走路想，最后终于想出了一个对自己有效的好办法。他认识到："我接受知识慢，记忆力差，别人读一遍，我就读三遍四遍，如果还记不住，我就再读上六遍七遍。别人用一个时辰学习，我用上三个四个时辰学习，一个字一个字地理解，一个句子一个句子地读，天天坚持，不间断，一定会有成效的。"他想好后就按自己的想法去做。每当小伙伴拉他去玩儿，他都会拒绝；家里有事耽误了今天的学

165

第七章 持恒：万事从来贵有恒

习，他会自觉补上。夏天酷暑难耐，大家都在树下乘凉，陈正之却在灯下读书；冬天寒风凛冽，家人围着火盆取暖，陈正之却也专注地读书。

有一年他跟先生学《诗经》，诗文艰涩难懂，先生每讲一段，他就要求自己背下来。上课时，他用心听先生讲解每一字，每一句，边听边把内容抄下来。放学回家，其他同学都出去玩了，只有陈正之在房间里反复地读，他的堂哥来找他玩，他说："不行，我还没有读完书呢！"堂哥对他说："没关系，先生没让我们背呀，走吧，会读就行了。"陈正之说："不行，你去玩吧，我今天一定要把学的知识背下来。"堂哥看他那么坚决，只好去找别人玩儿了。堂哥走后，他坐在书桌前一字一字地背，再一句一句地记，一段一段地理解。先生讲完一章，他又主动把这一章的内容串起来读，一直把书背得滚瓜烂熟为止。到了年底，《诗经》全部学完，他终于背下来了。他平时总把书带到身上，无论走到哪儿都要看一看，一有时间他就坐下来读几句。由于来回地翻，书烂得如同棉絮一样。他的付出终于有了回报，他的水平不但与同学们的水平相当，甚至有的地方还略胜一筹。同学们再也不歧视他了，家人对他也改变了看法，他也觉得读书给自己带来了无穷的乐趣！

陈正之年复一年日复一日，从未间断过读书，因此养成了锲而不舍、无书不读的好习惯，这给日后的学习打下了坚实的基础。经过努力，他的知识、学问大增，同时他也摸索出了一套读书的好方法，他读书越来越快，水平也越来越高，终于成为博学之士，"陈学者"代替了"陈傻子"。

很多人犯的通病就是：认为自己不聪明，怎么努力也赶不上别人。陈正之虽然被大家认为天生愚钝，学什么，什么不会，但他一天也没有放弃努力，通过刻苦学习，终于成为一个大学者。

收拾精神，并归一路

【原文】

学者要收拾精神，并归一路。如修德而留意于事功名誉，必无实诣；读书而寄兴于吟咏风雅，定不深心。

——《菜根谭》

【译文】

做学问就要集中精神，一心一意致力于研究。如果在修养道德的时候仍不忘记成败与名誉，必定不会有真正的造诣；如果读书的时候只喜欢附庸风雅，吟诗咏文，必定难以深入内心，有所收获。

书香传世

宋代书法家米芾说，学习书法必须专一于书法，不再被其他爱好分心，方能有成就。与此类似的是，古代善于弹琴的人，也说必须专攻两三支曲子，方能进入精妙的境界。这里说的虽是小事，但也可以借以译注"收拾精神，并归一路"这句话：生活中无论做什么事，只有把精神气力集中在一个地方，才能心想事成。

立于人世，不管做哪一行，做什么事，"杂则多"，欲望多了，懂得多了，有时便会流于表面，博而不专；然后"多则扰"，考虑得太多，困扰就多，困扰了自己，也困扰了他人；最后"扰则忧，忧而不救"，思想复杂了，烦恼太多了，痛苦太大了，人生就永远迈不开走向成功的步子。专注于心是做人做事的原则，博而不专、杂而不精，必会制约人生发展的高度。

再仔细揣摩《菜根谭》这句"收拾精神，并归一路"，实则包含两层含

第七章 持恒：万事从来贵有恒

义：第一层，集中精神，心无旁骛；第二层，精益求精，不浅尝辄止。人一生的时间和精力都是有限的，心意一旦开了小差、流于表面，事情就很难办成。纵观世间学有所长之人，都是对某一领域有所偏好，并专注于心，穷根究底，才终于守得云开见月明，学有所成。

生活中，如果我们想求学，同时却又想着官运飞黄腾达，那么我们的学业必然得不到精修。同理，如果我们做一件事时只满足于学得皮毛、流于卖弄，同样也不会成为这个领域的精英。所以，如果我们想去做成一件事情，就必须将自己仅有的时间和精力集中投入到这件事情中去，并专注于此。人，一旦进入专注状态，整个大脑就围绕一个兴奋点活动，一切干扰统统不排自除，除了自己所醉心的事业，一切皆忘。

家风故事

笔耕不辍王羲之

我国著名书法家王羲之是东晋时期人，素有"书圣"的美称。他从小就好学，练习写字，笔耕不辍，一直到老年。他练字时精神特别集中，常常是身边发生了什么事情都不知道。

有一次，他正在练字，已经到了吃饭时间，书童把他爱吃的饭菜送到书房，催促王羲之该吃饭了。可王羲之正在聚精会神地挥笔疾书，好像没听到书童在说什么，书童没办法，只好去请夫人来劝他吃饭。过了一会儿，夫人来到书房，发现王羲之满脸都是黑黑的墨汁，手里还拿着一块蘸满了墨汁的馒头正往嘴里送。

原来，王羲之在吃馒头时，眼睛还在看着写的字，脑子里还在琢磨着如何下笔，错把墨汁当成了菜汤，而自己却浑然不觉。

王羲之从六七岁开始练字，直到五十九岁去世时为止，五十多年间笔耕不辍，越到晚年，越是老练雄浑。他很钦佩汉代张芝"临池学书，池水尽墨"的学习精神，常常以此鞭策自己。根据记载，除绍兴兰亭外，江西临川的新城山、浙江永嘉积谷山以及江西庐山归宗寺等处，都有他的墨池。他的儿子王献之继承父风，又有发展，世称"二王"，对后世影响极为深远。王羲之存世作品已无真迹。行书《兰亭序》《圣教序》《姨母帖》《丧乱帖》《孔侍中》，草书《初月》等帖，皆为后世临摹之作。

用心专一才有成就

原 **典** **赏** **读**

【原文】

读书法，有三到，心眼口，信皆要。方读此，勿慕彼，此未终，彼勿起。

——《弟子规》

【译文】

读书的方法有三到：心到、眼到、口到，即心要记，眼要看，口要读。这三者确实都非常重要。正在读这本书时，就不要想别的书；这本书没读完，就不要去读别的书。读书要用心专一，才能有成就。

书 香 传 世

朱熹在谈论读书的时候曾说："余尝谓，读书有三到，谓心到、眼到、口到。心不在此，则眼不看仔细，心眼既不专一，却只漫浪诵读，绝不能记，记亦不能久也。三到之中，心到最急。心既到矣，眼口岂不到乎？"并且强调诵读时，"须要读得字字响亮，不可误一字，不可少一字，不可多一字，不可倒一字，不可牵强暗记。只要多诵遍数，自然上口，永远不忘。古人云，读书千遍，其义自见。谓读得熟，则不待解说，自晓其义也"。

我们在诵读古文时，也要恭恭敬敬，一心一意，不疾不涂，字字清楚，轻松愉悦地诵读。经典乃是悠扬自得的雅正中和之音，如果我们每天坚持不懈，声情并茂地诵读，认真地读出其中的思想感情，就能熟读而后能悟，悟而后能用，用而后能生巧，巧而后出新。

总之，诵读就是把书上的变成自己的，放在自家智慧库里，随用随取。用多了，自然心灵手巧，会有神来之笔、天造之功。

家 风 故 事

勤奋专一的张仲景

张仲景，名机，东汉时期南阳郡（今河南省南阳市）人。约生于公元150年，卒于公元219年。

张仲景用毕生的精力从事医疗事业。他通过刻苦钻研前人的经验和认真总结自己的临床实践，掌握了精湛的医术，救治了众多的病人，成为著名的临床医学家。张仲景撰写《伤寒杂病论》，详细论述了外感热病的诊断、治疗的过程，创立了六经分证和辨证施治的原则，使我国临床医学和方剂学发展到了较为成熟的阶段。因此，人们称张仲景为医方学鼻祖和"医圣"。

张仲景生活在东汉后期，出生在南阳一个地主阶级家庭，有较优裕的生活和学习条件。少年时代，张仲景孜孜不倦地学习，博览群书，吮吸着科学的养分。

这一时期，有一件事对张仲景的职业选择起了重大的影响。一天，张仲景读书的时候读到名医扁鹊给齐桓公三次看病的故事。他深受感动，对扁鹊的医术赞叹不已，由此对医学产生了浓厚的兴趣。经过反复的思考，张仲景决定从事医学研究，立志为医学事业的发展奋斗一生，奉献一切。

当时南阳郡有一位老中医名叫张伯祖。张伯祖医术精湛，临床经验丰富。张仲景拜他为师，学习医术。张仲景经师傅的指点，尽得其言，功于治疗，尤精经方。到了东汉灵帝刘宏执政时，张仲景被推举为孝廉，献帝建安中期，当上了长沙太守。

张仲景十分关心民众疾苦，每月逢初一、十五便大开府门，在公堂上为老百姓诊病，久而久之，便成了惯例。直到现在，民间还流传着张仲景在公堂为民治病的故事。囿于当时的形势，张仲景不愿意在官场上角逐，便辞掉官职，专心致力于医学研究。

张仲景凭着自己的天赋和勤奋，凭着对医学执着的探求和敏锐的感受，勤求古训，博采众方，深入实践，辨证施治，破除迷信，勇于创新，获得了丰富的知识，成为名医。

张仲景得到先秦医著后如获至宝，认真钻研，勤求古训。他反复研读《素问》《灵枢》《九卷》《黄帝八十一难经》《阴阳大论》《胎胪药录》等医学著作，从中吸取前人的宝贵经验。

张仲景还非常注意博采众方，搜集和整理民间流传的各种药方和治疗方法，师不泥古。张仲景长年奔波于患者之间，为民治病，积累了许多临床经验。在京师的时候，因为他是很有名望的医生，来求诊的病人很多，时常应接不暇。他常常能准确判定人的生死，屡验不爽，所以人们都称他是"扁鹊再现"。

张仲景对医学的贡献，不仅影响了他生活的年代，而且对后世产生了重大影响。他在晚年完成的《伤寒杂病论》是我国中医经典著作之一，极大地丰富了我国临床医学理论。

《伤寒杂病论》通过各种渠道传向亚洲各国，如朝鲜、日本、越南等。各国许多著名医学家对此书进行了深入的研究和探讨，不断挖掘和推出新意，而且有所发展。

张仲景不断在自己的领域里钻研，完成一部又一部为后世传诵的著作，他的专一、钻研精神是值得我们学习的。

171

第七章

持恒：万事从来贵有恒

专注于一件事

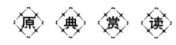

【原文】

善读书者，要读到手舞足蹈处，方不落荃蹄；善观物者，要观到心融神洽时，方不泥迹象。

——《菜根谭》

【译文】

善于读书的人，要读到心领神会而忘形地手舞足蹈时，才不会掉入文字的陷阱；善于观察事物的人，要观察到全神贯注与事物融为一体时，才能不拘泥于表面现象而了解事物的本质。

书 香 传 世

专注是一切艺术与伟业的奥妙，是一种精力的高度集中，把易于弥散的意志贯注于一件事情的本领。

遍地撒种不一定遍地开花，要想做好一件事，最好的办法是专心只做这一件事。专注的力量是惊人的，集中精力专注于自己正在做的事情，做起事来不仅未必轻松有效率，而且也能够把事情做得更好，从而聚集更大的力量前进。因为专注会蓄积一个人全身的热忱，人的思维和行动都会因专注变得积极而迅速。

人生有许多事情要去做，有许多的事情等待着去做，做什么、怎样做，这都有待于人们自己做出选择。聪明人会把分散精力的要求置之不理，只专心致志地去学一门，并且把它学好。将有限的精力投入到有限的事务中去，长期专注。

做一行爱一行，乐在其中便是专注。因为有乐趣，专注便顺理成章。曹操之于权谋，李白之于诗酒，王羲之之于书法，等等，他们专注其中，既成就了自己的事业，也得到了娱乐。若无自娱的乐趣或让他们放弃心领神会的乐趣，他们便不会有最后的成就。

所以，对任何事情而言，专注既须明理，也须有感情引导。当人们全身心地投入其中的时候，成功就不远了。一位伟人说过："如果一个人，能用十年的时间，专注于一件事，那么他一定能够成为这方面的专家。"成就大事的人不会把精力同时集中在几件事情上，而只是关注其中之一。手里做着一件事，心里又想着另一件事，只能让每件事情都做不好。专注于心、摒弃浮躁，才会使人们在成功的道路上走得更远。

家风故事

专注造纸，名扬天下

蔡伦，东汉桂阳（今湖南郴州）人，字敬仲。大约在公元75年（东汉明帝刘庄永平末年）到了洛阳，随后进宫当了太监。公元89年，和帝刘肇即位，蔡伦被提升为中常侍（宦官中较高的官职），参与国家机密大事，后兼任主管制造御用器物的尚方令，监督制造宝剑和其他器械。在担任尚方令期间，蔡伦认真总结西汉以来的造纸经验，进一步改进了造纸技术，于元兴元年（公元105年）奏报朝廷，使用和推广造纸术。因此，后世人都传蔡伦为我国造纸术的发明人。

蔡伦在担任尚方令时，主管尚方的各种事宜，这样蔡伦就有机会经常和手工工人接触，他们的精湛技术和创造精神对蔡伦有深刻的影响。蔡伦本人也善于赋诗作书，需用大量的纸张。他深知缺纸的苦处和书写上的困难，决心克服困难，攻克难关，改进造纸术，提高纸张质量。

蔡伦首先想到，缣帛很轻便，但价值昂贵，必须利用一些价值低廉的原料来造纸。蔡伦在认真总结劳动人民用各种植物造纸的经验以后，改用树皮、麻头、破布和旧渔网等，代替原有的麻布、丝帛、麻、线头等原料。这些原料来源丰富，随处可以找到，且价钱便宜。

解决了以前原料价格高、原料少的问题，不仅大大降低了纸张的成本价格，而且为大量生产创造了条件。特别是用树皮做原料，开创了近代木浆纸的先河，为造纸业的发展开辟了广阔的途径。

此外，蔡伦在造纸工艺上也有重大突破。据考古情况推测，当时造纸时，先把原料洗涤切断，浸渍沤制，并加入适量的石灰浆升温促烂和蒸煮等工序，以后反复大力舂捣，分离出纤维纸浆，再把这些纸浆用细帘子捞取，漏去水分，晾干，揭下来，压平研光。改进工艺后生产出来的纸张，具有体轻质薄、价格低廉、经久耐用等特点。

元兴元年（公元 105 年）蔡伦把这批纸献给朝廷。汉和帝看了这种纸，十分赏识蔡伦的才能，马上通令天下采用。从此，造纸术在我国推广开来。新纸受到了人们的广泛欢迎，并逐步取代了旧的书写材料。

蔡伦的造纸术极大地促进了东汉造纸业的发展，造纸技术也得到不断提高。蔡伦用自己的非凡才华，为人类文化的传播和发展做出了巨大的贡献。

为了纪念蔡伦的万世功德，人们为他造庙塑像。在蔡伦的故乡桂阳，元朝曾重修蔡伦庙。在他的墓地陕西洋县龙亭辅，也有祠庙。中国和日本的造纸工人都奉他为祖师。

蔡伦能做出这样的成绩来，与他的专业精神是分不开的。他将永远受到人类的尊敬和纪念。

原 典 赏 读

【原文】

磨砺当如百炼之金，急就者非邃养；施为宜似千钧之弩，轻发者无宏功。

——《菜根谭》

【译文】

　　磨炼自己的身心就要像炼钢一样反复锤炼，希望一下子就成功的人不会有深厚的修养；做某件事情应当像拉开非常重的大弓一样，轻易发射的人不会有大收获。

书香传世

　　古人讲"十年磨一剑"，要想做成事，取得一定成就，需要我们不断锤炼自己。耐得住寂寞，受得了挫折，长时间坚持不懈地做一件事情，最终取得的回报也是丰厚的。想一蹴而就，急功近利者不会取得大的成就，厚积薄发，才能取得大成功。曹雪芹一生只留下一部《红楼梦》，这部书却成为文学巨著，在文学界大放光彩。李时珍花几十年的时间走遍大江南北，编写出《本草纲目》，时至今日这本医药宝典依然具有重要的研究价值。马克思花几十年的时间写作《资本论》，康德花了大量时间与精力研究他的哲学理论。付出的越多，取得丰富回报的可能性也就越大。付出少，却想取得丰厚回报，这是一种不切实际的想法。

　　在学习过程中，需要人们坚持不懈地努力。学习本身是不断积累的过程，有时候人们难免会感觉枯燥乏味，因而想要放弃。不断地努力，却不能很快有所收获，不能很快地取得成就，这对于人们的耐力是一种考验。经得住考验的人，最终有可能取得辉煌成就，经不起考验的人难以取得大成就。

家风故事

坚持不懈，取经学道

　　法显是晋代的一位高僧，既是翻译家，又是旅行家。他出生在一个虔诚的佛教徒家庭，3岁时父母便把他送进寺庙当了童僧。二十岁时正式受戒当了和尚，直到去世。

　　少年法显进了寺院，虽然失去了上学的机会，但他从小勤奋自学，虚心向有学问的老和尚求教，晚年又十分重视旅行实践。

　　公元399年，随着佛教由印度东传，佛教界掀起了到佛教的发源地——印度取经的热潮。这时法显已经六十五岁了，但他为了取经求法、参访佛

第七章　持恒：万事从来贵有恒

迹，不顾年老力衰，决定同数名僧人结伴离开长安，前往印度。

　　他们一行从长安出发，第二年才到达敦煌。经过了水流湍急的黄河，越过了高耸入云的祁连山，经过了长达一千五百里的白龙堆沙漠。在这些地方，上无飞鸟，下无走兽，望穿了眼睛，也休想找个安身之处，他们只能靠死人骨头来辨别方向。就在这样的路上，他们整整走了十七天，到达鄯善以后，迎接他们的是一片更大的沙漠——世界闻名的被称为"进去出不来"的塔克拉玛干大沙漠。又走了一个月零五天，他们才见到一片绿洲，到达古代西域的佛教重地新疆和田。

　　这时法显已经六十七岁，从长安一道出发的旅伴，有的死于沙丘，有的半途折返，有的离他而去。法显是一位勇敢的旅行家，他没有丝毫怯懦，掩埋好同伴的尸首，又继续前进。在此后近十年的漫长岁月里，他不知疲倦地在东南亚大陆的土地上奔波，足迹遍及今天的巴基斯坦、阿富汗、印度以及印度洋上的美丽岛屿斯里兰卡。

　　法显到处寻访佛教发祥地的圣迹。他以旺盛的求知欲考察了印度等国的风土人情和名胜古迹，更以虔诚的心情瞻仰了佛教圣地，但法显总感到不满足。他来印度的一个重要目的是取经，现在，这个目的还没有达到。于是，他又来到印度巴特那，这里有当时印度最大的佛教寺院，藏有很多重要经律，还有不少深通佛理的高僧来此讲学。法显在这里住了三年，刻苦学习梵文，抄录经律，收集记录了许多珍贵的佛教经典。此后，他又顺着恒河东下到达多摩梨帝国。相传释迦牟尼曾来这里讲学，佛教在这里一直很盛行。在这里，法显又用了两年时间抄录佛经并画了一些佛像。

　　后来，法显又到了斯里兰卡，继续寻求国内没有的佛经。

　　法显七十八岁的时候回到了祖国，整理了十四年的旅途见闻，翻译了他所带回的佛经，最后写成了《佛国记》这一不朽著作。

　　远在一千五百多年前，在人类还缺乏地理知识，交通条件又极为落后的情况下，年过花甲的法显能完成这样一个穿行亚洲大陆并经南洋海路回国的大旅行，真是令人敬服。

第八章

践学：尽信书不如无书

学习是为了运用，不能被运用的知识即使积累得再多也毫无价值可言。因此，我们要会学习还要会实践，要能把学习和实际联系起来。只学习很容易成为不切实际的空想家，而只实践没有成功经验的指导也很容易四处碰壁。所以，学习和实践都是必不可少的。

尽信书不如无书

【原文】

纸上得来终觉浅，绝知此事要躬行。

——陆游《冬夜读书示子聿》

【译文】

从书本上得到的知识终归是浅显的，最终要想认识事物或事理的本质，还必须自己亲身实践。

书香传世

读书是好事，但也要看怎么读。虽然作为人类进步阶梯的书以其内敛自然、秀外慧中的气质艳压群芳，虽然我们的今天是踩着竹片、布帛、白纸一步步走过来的，但是，书毕竟是人写的，人的局限性必然导致书会有缺陷，如果唯书本是从，轻则成个书呆子，重则形成所谓"本本主义"作风，误人子弟，贻害无穷，更何况是在汗牛充栋、几乎无错不成书的今天呢？试想，如果蔡伦尽信书，那么，竹简记字的做法还要延续多少年？如果李四光尽信书，相信中国是贫油国，那么，中国人靠"洋油"点灯的日子还得过多少年？如果陈景润尽信书，哪里又会攻克哥德巴赫猜想呢？

历史的车轮滚滚向前，铅印的沉默已经无法传递我们火一般的热情，纤瘦的黄页已经无法承载我们进步的梦想，墨渍的冷艳已经无法完成我们飞天的夙愿——书的单调冷傲已越来越无法适应现代社会日新月异的更新速度了。古人尚且知晓"尽信书，不如无书"，我们岂可死读书，读死书，把书读死！遗憾的是，在推行素质教育的今天，依然有不少学校只注重知识灌输，不注重技能的训练；只注重动脑能力的培养，不注重动手能力的锻炼；

以考试为手段，以高分为目标，使学生偏重死记硬背、照本宣科，知其然而不知其所以然，以致学生的质疑能力差、辨识能力差、抗冲击能力差、社会适应能力差。

我们必须打破传统教育固有的模式，敢于提出自己的观点，敢于质疑书本知识，以审视的眼光学习经典，以创新的方法破解难题，让书成为我们的良师益友而不是前进道路上的绊脚石！

家 风 故 事

纸上谈兵，误国误民

明朝沧州人刘羽中平时喜欢阅读古书。一次，他偶然得到一册古代兵书，伏在桌上攻读一年，便自称可带兵十万指挥作战。恰巧碰到外敌入侵，他就操练士兵，带兵抵抗，结果大败，自己也差点成为俘虏。

后来，他又得到一本古代水利书，又伏在桌上细细阅读一年，自称可让千里土地变成良田。州官听信他的大话，便任用他在一个村子里领导兴修水利。恰好碰到洪水暴涨，水流沿着他挖凿的渠道倒灌进来，村里人几乎全被淹死，变成鱼鳖之食。连续的失败无损于刘羽中的"创新精神"，他又对边关防务感起兴趣来，并设计了一款最新的铠甲，要求给守边的军士配备。兵部按照他设计的图样把铠甲打造出来之后，就让他先穿上试试。结果，刘羽中穿上铠甲后被压得扑腾一声趴在地上，说什么也爬不起来了。因为他在设计铠甲的时候只考虑到了防护，却忽略了铠甲的重量，人穿上他设计的铠甲动无法动一步，士兵如何能够上阵冲锋御敌？

理论与实际相结合

【原文】

大抵学问只有两途，致知、力行而已。

——《朱文公文集》

【译文】

做学问只有两个途径，就是掌握知识，并且能加以实践。

书香传世

没有实际的理论是空虚的，同时没有理论的实际是盲目的。"做"与"想"是不一样的，它需要耗费脑力和体力，需要面对过程中的许多困难。实践是检验真理的唯一标准，只有将我们心中的所想变为现实，才能验证它是否可行。其实做任何事情都是如此，要想达到"良"的程度，就必须具体问题具体分析，只有这样才能认清现实和变化了的事实，从而使自己的理论能够与实际相结合，达到做好的目的。

家风故事

书呆子赵括

公元前262年，秦国攻打韩国，把韩国与其北方领土上党郡隔开。上党郡的韩军将领不愿意投降秦国，便带着地图把上党郡献给赵国。过了两年，秦国又派王龁要回上党郡。赵王听到消息，便派廉颇率领二十多万大军去救上党郡，等到他们到达长平，上党郡早已经被秦军攻占。

当时王龁还想继续向长平进攻，于是三番两次向赵军挑战，廉颇说什么也不跟他们正面交战，反而准备做长期抵抗的打算。两军僵持不下，王龁只好派人回报秦昭襄王。秦昭襄王请范雎出主意。范雎说："要打败赵国，必须先让赵国换掉廉颇。"过了几天，赵王听到左右议论纷纷说："秦国最怕让年轻的赵括带兵，廉颇已经年老不中用啦！"

他们所说的赵括，是赵国名将赵奢的儿子。赵括小时爱学兵法，谈起用兵来头头是道，自以为天下无敌，连他父亲也不放在眼里。

赵王听信了流言，立刻把赵括找来，问他能不能打退秦军。赵括说："如今来的是王龁，他不是廉颇的对手。要是换上我，打败他不在话下。"赵王听了很高兴，就命赵括为大将，去接替廉颇。

蔺相如对赵王说："赵括只懂得读兵书，不会临阵应变，不能派他做大将。"可是赵王对蔺相如的劝告听不进去。赵括的母亲也向赵王上了一道奏章，请求赵王别派她儿子去，但是赵王还是执意派赵括为主将。

后来赵括声势浩大地领着四十万大军，并把廉颇原先的规定全部废除，下命令说："如果秦国再来挑战，必须迎头打回去。敌人打败了，就得追下去，非杀得他们片甲不留不可！"

秦国得知赵括取代廉颇的消息，知道反间计成功，就秘密派白起为将军。白起一到长平，布置好埋伏，故意打了几阵败仗。赵括不知是陷阱，便下令拼命追赶，结果中了秦军的埋伏，四十万大军被切成两段。赵括这才知道秦军的厉害，只好等待援兵。不料，秦国又发兵把赵国救兵和运粮的道路切断了。最后，赵括的军队因内无粮草外无救兵，守了四十多天后，兵士们叫苦连天。赵括带兵想冲出重围，却被秦军射死了。赵军听到主将被杀，也纷纷扔了武器投降。四十万赵军，就在主帅赵括手里全部覆没了。

赵括空有理论，却忽视战场上的实际情况，他将自己所想的当成一种真知灼见，最终只能以失败而告终。

第八章　践学：尽信书不如无书

知而要能"行"

【原文】

知而不能行，只是知得浅。

——程颢《二程遗书》

【译文】

有了知识而不能实行，这种知识是肤浅的。

书香传世

知识的重要性每个人都知道，然而仅有知识是不够的。书中的东西，注注真假难辨，我们在学习中如果不辨真伪，并且在学习中不把知识与实际相结合，那么再好的知识也会成为一堆废物。

我们常说"知识就是力量"，然而这并不意味着有了知识就有了力量，而是要把书本知识通过实践，变成能力和素质，这时知识才是力量，也才能在生活工作中发挥积极作用，否则就是纸上谈兵，毫无真实的作用。

家风故事

实践出真知

张仲景（约150—219年），是东汉末年著名的大医学家。他对当时的流行病症及其治疗方法进行了深入细致的研究，建立起一整套流行病的治疗原则，成为后世医家的准绳。后世为了感念他的恩德，为了纪念他救民于疾渊病海、造福万代的不朽业绩，将他奉为"医圣"，奉其著作为"医经"。

张仲景又叫张机，出生于南阳郡（今河南南阳）。他刻苦钻研病理，在年轻时就掌握了丰富的医学知识。

那时正是东汉王朝末期，农民起义此起彼伏，一浪高过一浪。大地主、大军阀为了争权夺利，依据武力各霸一方。烽火连年，田地荒芜，死尸枕藉，饿殍遍野，天灾交下，瘟疫流行。无情的瘟疫每年都要夺去无数人的生命。张仲景目睹着因病而死去的人以及死者家属痛不欲生的情状，耳闻着病人悲凉的呻吟，心里十分痛苦。他辞去官职，专心研究医学，横下一条心，非要制服瘟疫不可。

面对着像伤寒这样传染性极强的流行病，当时很多的医家都叹为困惑、束手无策。因此，张仲景清醒地认识到，要想制服这种流行病，是必须下一番苦功夫的。于是他废寝忘食，翻遍了古代医书，凡是前人医病的宝贵方法，他都搜集起来，然后进行分析、归纳，真正做到了"勤求古训"。有不明白的地方，他就向自己的老师——同乡人张伯祖求教，以便完整准确地领会以往医家对病理的看法以及治疗方法。张仲景在潜心钻研《内经》《难经》《胎胪药录》等古医典药著的同时，把收获的心得应用于治病救人的实践中。在实践中，他发现单单依靠前代医家的某些见解和结论，并不能完全奏效。

有人说："天下万事万物，殊途而同归，一致而百虑。"他认为对瘟疫的治疗也是如此——医家治病救人的关键，就是遵循病理和药理，对前人的结论不可拘泥，重在实践。于是，他对病理进行周密的观察和揣摩，经常到旷野乡村，不弃村妇野老之见，广泛搜集有效的药方，力争做到"博采众方"。早出，穿雾踏露，不待雄鸡的啼鸣；晚归，披星戴月，伴着荒野的凄风和野狼的嗥叫。不管路途多么艰险，身体多么困乏，只要能有所收获，那就是他最大的慰藉。枯荣交替、寒来暑往，张仲景这样不畏艰辛、虚心好学，再加上勤于思考，逐渐掌握了"六经分证"和"辨证论治"的治疗原则，并运用这些原则，治好了无数被瘟疫困扰的病人。当他看到这些病人又重新走向生活时，额头上丝丝的皱纹都展开了。

张仲景不但勇于实践，还善于从实践中总结经验。他参考先代医家的见解，综合自己的实践经验，写成了十六卷的《伤寒杂病论》，把伤寒的病症分成六类八型，从而使古代"辨证论治"方法更加具体化了。此后，医生治

第八章　践学：尽信书不如无书

伤寒感冒，只要根据病人的症状，分辨出属于哪一种类型，再对症下药，就很容易把病治好了。

张仲景的医学理论，是中国医学史上一束明艳的花朵，它的根须汲满了张仲景求索的艰辛和百折不挠的意志营养液，最重要的是：他不拘泥于前人经验，勇于实践创新，终有大成，不愧为一代"医圣"。

要"学"也要"行"

【原文】

书到用时方恨少，事非经过不知难。

——《古谣谚》

【译文】

书到用的时候才遗憾自己读得太少，事情不是自己亲身经历是不知道其艰难的。

书香传世

"书到用时方恨少，事非经过不知难"是清朝中后期文人杜文澜编撰的《古谣谚》中的一副劝勉联，告诫人们要多读书，多学习，多积累知识，不断增长见识。如果说上联"书到用时方恨少"劝勉人们要"贵学"，那么下联"事非经过不知难"，则是"贵行"了。"书到用时方恨少"，这就好比饥饿时才想起没有储备充足的粮食，考试了才想起尚未扎实地复习，遭遇歹徒时才懊恼平时缺乏锻炼，没有一个强健的体魄……所有这些，统统缓解不了燃眉之急，只能捶胸顿足，后悔莫及。古人云："腹有诗书气自华。"学习使人深刻，使人睿智，也使人高雅不俗，正所谓"存乎于心，为我所用，信手拈来，不留痕迹"。我们也常用"学富五车"来形容一个饱读诗书、学识广博的人，更常羡慕那些出口成章、博古通今、善于旁征博引之人，殊不知他们花了常人多少倍的努力，读了常人多少倍的书啊！先不说"五车书"之多，倘若我们当真能"把别人喝咖啡的时间"用在读书上，那么，我们不仅不会显得浅薄，而且待到用时也就用不着搜肠刮肚了，又何须感慨"书到用时方恨少"呢？

然而，光"学"不"行"也终是无益。宋代朱熹早把"知""行"关系说得很明白。他说："论先后，知为先；论轻重，行为重。"王夫之《尚书引义》云："知非艰，行之惟艰。""知"是手段，"行"是目的，不"行"无以奏"知"之效，也无以知"事"之艰难，免不了落个"纸上谈兵"的下场。本联语言简洁明了，恰到好处地将"知""行"有机地结合起来，给人以深刻的感受。陆游曾语："纸上得来终觉浅，绝知此事要躬行。"书上的东西毕竟是抽象的，若不亲身实践，永远无法真正深刻了解它。所以，在实践中将书本上的知识融会贯通，这才是读书的真正目的。现代社会所看重的，绝不仅仅是一纸文凭，更在于有没有脚踏实地做事的能力。

家风故事

知行合一，琴音绕梁

伯牙酷爱弹琴，但技艺不高，便拜成连为老师，跟他学琴。日复一日，年复一年，经过三年的勤学苦练，伯牙逐渐掌握了弹琴的技巧，但弹琴时还时常伴有杂念，不能进入忘我的状态，技艺水平很难达到运用自如、出神入化的境界。伯牙自己十分焦虑，但又无法提高自己。成连也在考虑用什么办法才能尽快提高伯牙的琴技。

有一天，成连对伯牙说："我有一位老师，名叫房子春，家住东海之滨，他很有谋略和见识，善于陶冶人的情趣，我送你去他那吧，也许他能帮你改变目前的状况。"正不知如何是好的伯牙听老师这么一说，顿时喜上眉梢，很高兴地接受了老师的建议。

于是，他俩立即起程，赶赴蓬莱山。一路上，伯牙谈笑风生，好不舒心。他们顺利到达蓬莱山，放下行装，安置好住处后，成连见伯牙兴致很

185

第八章 践学：尽信书不如无书

高，就对他说："我去拜见老师，你先不要离开这里，感到烦闷就弹弹琴解闷，我很快就回来。"说完便撑船远去。

伯牙送走老师，略作休息，便开始弹琴等着老师归来，他想到自己马上就可以得到名家指点，不禁心花怒放，低声哼起了小曲。可是弹了几曲，总觉心境慌乱，曲子也平淡无奇，便住了手。一个时辰过去了，又一个时辰过去了，老师还是没有回来。伯牙心里有些着急，于是站起来，四面张望，希望能看到老师的身影。面对大海，放眼望去，一片寂寥，没有一个人，海天一色，空旷邈远；海浪滚滚，一浪高过一浪地拍打崖岸，飞溅出无数美丽的浪花，像精灵一样转瞬即逝；身后林木深幽，郁郁苍苍，衬着深蓝色的海水更显得雄浑、古朴、凝重；空中海鸥飞来飞去，不时鸣唱，撕破这静静的空间，好一幅辽阔、深邃、壮丽的美景跃然眼前。

就这样，伯牙望着美景，心潮澎湃，不时有一种创作激情冲撞着他的胸膛。景色在他眼里越来越美，似乎完全活了起来——海水向他涌过来，鸟儿向他飞来。他无法按捺这美妙的情思，不自觉地坐到琴前，和着涛声，伴着鸟鸣，急速地弹奏起来。他完全沉浸在这大自然的韵律之中，情感的波涛在他手指下翻转流泻。他边弹边唱，边看边弹，似把流水弹成乐曲，把乐曲幻化为流水；似把森林弹成乐章，把乐章叠印成森林；音符像啁鸣的小鸟，小鸟像跳跃的音符……就这样，他弹到不能自持。当琴声戛然而止的时候，他已泪流满面，大声叫道："老师，老师，我明白了您的一番苦意，您带学生到这里来，是要改变我的意境和情趣呀！"

不知过了多长时间，成连回来了，他见伯牙如醉如痴的样子，知道自己的苦心没有白费。他略略点头，含笑不语，在伯牙身边站了一会儿后，便把仍沉浸在音乐旋律之中的学生唤醒。伯牙见到老师，感动不已，两人相视，千言万语尽在其中。

从此，伯牙成为一位远近闻名的大琴师，他无与伦比的琴艺令人赞叹不已。

伯牙学琴三年，技艺之所以无法再提高，原因是缺少更为良好的音乐环境，激发不出新的灵感。来到蓬莱仙境后，他触景生情，喷发出新的灵感火花，新的琴音在他手下呼之即出，从而使其弹琴的技艺大有长进，这正是"知"与"行"相辅相成的体现。

到大自然中去学习

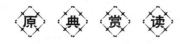

【原文】

鸟语虫声，总是传心之诀；花英草色，无非见道之文。学者要天机清澈，胸次玲珑，触物皆有会心处。

——《菜根谭》

【译文】

鸟语虫声，都是它们之间表达感情、进行交流的方式；美丽的花朵和青翠的草儿，其中都蕴藏着大自然的奥妙。研究学问的人要有清明的领悟能力，心胸灵活敏捷，和事物接触的时候都会有所领悟。

书香传世

知识是社会生活的总结，当我们抱着手里的书本汲取知识的时候，不要忘记，我们在书里学到的知识事实上都来源于我们生活的这个大自然。大自然是我们赖以生存的基地，我们应该寻找和大自然直接对话的机会来亲近它，在真实的生活中求取知识，得到关于生活的答案。

大自然以它的美丽和奥妙吸引着人们，它是人们天然的乐园和知识库。人们可以从那里得到无穷的乐趣，获取丰富的知识。我们不要忘记自然这个广阔的课堂，到大自然中去培养自己的观察能力，汲取成才的营养，才能更茁壮地成长。大自然蕴含着丰富的知识，等待人们去探求、去获取。面对太阳的东升西落、月亮的阴晴圆缺、风雨雷电、冰雹雪花、飞禽走兽、花草树木、高山川河等自然现象和自然景物，去那里走走看看，去发现其中的知识和神奇，还可以验证自己所学过的知识。大自然也是一座巨大的披着面纱的知识宫殿，它所储藏的知识涉及天文学、动物学、植物学、矿物学、物理学、地质学、化学等科学领域，又同历史、地理、文学、美学、音乐等有着直接的联系，因此，又完全可以把大自然称作一部百科全书。大自然也是世界上最好的老师，它以种种新奇的现象启发着人们思考问题，吸引着人们探求知识。在大自然的激发下，人们不断追求新知识，对大自然的认识也越来越深刻，知识面越来越扩展，智力也得到了提高。

家风故事

勇于探索的徐霞客

在中国古代科学史上，明代后期是个群星璀璨的时代。除了李时珍、徐光启之外，还出现了一位用毕生精力考察研究祖国山川的伟大地理学家，他就是被称为"千古奇人"的徐霞客。

徐霞客献身于考察祖国山河的宏大志向，是从他小时候就开始树立的。

公元1586年，在南直隶（今江苏、安徽两省）江阴（今江苏省江阴市）南旸岐村的一个徐姓书香门第，出生了一个婴儿，他名叫弘祖，字振之，号霞客。他在父母的影响下，从两三岁开始便已见聪慧颖敏，而且好读诗书。他的父亲叫徐有勉，因不愿做官而专攻经书，是当地一位很有名气的学者。徐有勉见儿子那么幼小就知道用心读书，心中当然异常高兴，便经常抽出时间，有意识地对他进行辅导。因此，当徐霞客六岁被送到学校读书的时候，已读完了《诗经》《孝经》《论语》。

有一天，他向老师请教完经书中的问题后又提出了这些疑问。

老师听后大为惊奇。老师感到，徐霞客提出的这些问题，虽然一些专家学者，包括他自己，都曾在讲述这方面的知识时产生过类似的疑问，但谁也没有像徐霞客这样系统地提出过。他感到，这个孩子的思维非同凡响，如果坚持下去，很有可能会成为这方面的专家。

随后，老师把自己的想法说给徐霞客的父亲听，徐有勉听了也大为惊奇。他过去总认为徐霞客看这方面的书是看着玩，却根本没想到他对这方面的问题看得这么深，这么细，于是，徐有勉便对老师谈起了徐霞客曾对他说过"要足踏九州，手攀五岳"的话。

老师大为感慨地说："看来这孩子有志于祖国山河的研究，真是人小志大啊！"

徐有勉很是高兴，不但不再禁止他看历史、地理方面的书，还到处购买介绍旅行的书供他阅读，有意识地在这方面加强对他的培养。

徐霞客的家乡江阴濒临长江，他天天都能看到宽阔的江面上滔滔巨浪一泻千里，推动着滚滚的江水向东奔流而去；每当这时，他都觉得随着汹涌的波涛，自己身上的热血也沸腾起来。

徐霞客决心长大后亲自去做一番考察。这时，他才是一个十四岁的少年。

徐霞客像他的父亲一样，虽然通晓经书、诗词，却无意于功名，他要把自己的毕生精力献给考察祖国山河的宏伟事业。

在徐霞客十八岁那年，他父亲去世，但在母亲的支持和鼓励下，他仍踏上了考察祖国山河的征途。

他先游览了离家不远的太湖，登上洞庭山，然后去珞迦山、天台山、雁荡山，接着到了古都南京，又攀百岳山、黄山，转而又南下福建，爬上了武夷山。

徐霞客自 1607 年游太湖开始，到 1640 年从云南抱病回家为止，走遍了大半个中国，包括江苏、浙江、安徽、山东、河北、河南、山西、陕西、福建、江西、湖北、湖南、广东、广西、贵州、云南等十六个省、区，总计三十四年，写出了一部近七十万字、震惊于世的游记巨著《徐霞客游记》。

五十五岁时他正在云南进行考察，不幸身患重病，被人送回江阴老家，第二年就去世了。徐霞客把他的毕生精力都献给了祖国的地理考察事业。

王安石曾说过："世之奇伟瑰怪非常之观，常在于险远，故非有志者不能至也。"徐霞客克服万险，勇于在生活中实践，他是我们学习的榜样。

189

第八章 ｜ 践学：尽信书不如无书

要会读"无字书"

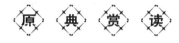

【原文】

人解读有字书，不解读无字书；知弹有弦琴，不知弹无弦琴。以迹用，不以神用，何以得琴书佳趣？

——《菜根谭》

【译文】

人们知道读有字的书，却不知道读没有字的书；人们知道弹奏有琴弦的琴，却不知道弹奏没有琴弦的琴。只知道运用事物的形体，却不知道领悟事物中蕴藏的道理，这样怎么能领会到琴、书的真正妙处呢？

书 香 传 世

在学习中，人们不仅要学会阅读有文字的书，还要学会阅读没有文字的书；不仅要能弹有琴弦的琴，还要学会演奏没有琴弦的琴。这本没有文字的大书，内容极其丰富，包括世界万事万物。这本无字书是人们自己，是人类社会，是大自然。这张无弦琴，能弹出世间万物的一切声响。不拘泥于事物的形体，能够透过事物领悟其蕴含的道理，这样比只看得到事物的形体却不能领悟其神韵要高明得多。

每个人不仅应该苦读与爱好、兴趣、职业有关的"有字之书"，同时还应该领悟生活中的"无字之书"。

通过阅读"有字之书"，你可以学习前人积累的知识、前人学以致用的经验，并从中加以借鉴，避免走岔道、走弯路；通过读"无字之书"，你可以了解现实，认识世界，并从"创造历史"的人那里学到书本上没有的知识。

如果你想尽快、尽好地读透"有字之书"，必须结合读"无字之书"，才能记忆深刻、牢固。

重视"读世间这一部活书"，读"无字之书"，是鲁迅先生的主张。

鲁迅一生写了很多针砭时弊的杂文，其犀利的语言，来自对"无字之书"的知识积累。如果不注意读社会现实这部"无字之书"，只知闭门做学问，他又怎么会从中看出"世人的真面目"，怎么会成为"一个伟大的画家"，"用他手中那支强而有力、泼辣而幽默的笔，画出黑暗势力的丑陋面目"呢？

"用自己的眼睛去读世间这一部活书。""倘只看书，便变成书橱，即使自己觉得有趣，而那趣味其实是已在逐渐硬化，逐渐死去了。"

家风故事

和尚科学家僧一行

僧一行，俗名张遂，魏州昌乐（今河南南乐县）人，他是唐代出自佛门的杰出科学家，也是中国古代佛教界的著名人物。

一行从小刻苦好学，博览经史，尤精于历象、阴阳、五行之学。武则天的侄子武三思羡慕一行的才学和名望，想跟他结交，千方百计地讨好他。当时武三思结党营私、败坏朝政的恶名世人皆知，但碍于武三思是皇亲国戚，没人敢指责他。一行不想和这类恶名传千里的人交往，便出家当了和尚，隐居在河南嵩山，师事普寂和尚。睿宗即位，征他入朝，他以身患疾病为由推辞了，因为他看厌了世俗夺权争利的丑剧，不愿投身其中。尽管如此，他对天文、历象之学的兴趣仍始终未减。出家之后，他仍然勤奋攻读，为了精研数学，他曾长途跋涉前往荆州当阳山（今属湖北），随悟真和尚学习。开元五年（公元717年），唐玄宗强征一行入京（当时为长安，即今之西安）。当时的麟德历行用已久，误差很大，玄宗命令一行等人参考先代各家历法，编撰一部新历法。一行虽然很不情愿，但因具体工作正是他乐于钻研的，所以就非常认真地工作起来。他对前人的历法不是采取简单的增损修改，而是在

第八章　践学：尽信书不如无书

前人的基础上大胆创新。为了使历法与实际天象相符，他进行了一系列的实测工作，获得了很多实际资料，从而纠正了前人的不少错误，把中国古代历法的制定工作提高到了一个新的水平。

一行组织了一批天文学工作者利用黄道游仪进行观测，取得了一系列关于日、月、星辰运动的第一手资料，发现恒星的位置与汉代相比较，已有相当大的变化。这个发现导致他废弃了沿用长达八百多年的二十八宿距度数据，采用了新的数据，从而有助于新历法精确性的提高。

一行从天文学的历史发展中，认识到日、月、星辰的运动是有一定规律的。通过细心的观测，可以初步了解这些规律，但因认识水平所限，人们对这些规律的认识还有一定的局限性，所以根据这些规律推算出来的结果，会与实际观测存在误差。从实测中可以修正认识的不足，通过反复观测、修正，就可以得到比较正确的认识。这一思想是非常可贵的。一行正是在这种思想的指导下，从事天文学的工作，并突破了前人的成果，取得重大成就。

为了使新编的历法适用于全国各地，一行领导进行了一场大规模的大地测量。他还发明了一种名为"复矩图"的测量仪器，供测量之用。测量地点共选择十二处，分布范围到达唐朝疆域的南北两端，测量内容包括每个测量地点的北极星高度，冬、夏至日和春、秋分日太阳在正南方时的日影长度。其中南宫说等人在河南的白马、浚仪、扶沟、上蔡四处的测量最重要。这四个地方的地理经度比较接近，大致上是在南北一条线上，南宫说等人直接量度了四地的距离，测量的结果证实了自何承天起就被否定了的汉以前关于"南北地隔千里，影长差一寸"的说法是纯属臆测。从实测和对前人谬说的批判中，一行初步认识到，在很小的空间范围内得到的认识，不能任意向大范围甚至无际的空间推演，这是中国科学思想史上的一个重大进步。

经过几年的准备，一行从公元 725 年着手编修新历，公元 727 年写成了大衍历草稿，也就在这一年，他去世了。

追求理性，就能超越虚幻的信仰，探索科学，就会与理性为伴。僧一行是重视实践的科学家，他使用的科学方法，对他取得的成就有决定作用。

将知识运用到实践中

【原文】

不力行，但学文，长浮华，成何人？

——《弟子规》

【译文】

只知道啃书本，不知道按书中的道理去做，只能使自己华而不实，那么会有什么出息呢？

书 香 传 世

书本知识虽然是前人实践经验的总结，但是对于我们来说，它毕竟不是直接知识，是没有经过自己亲身体验过的东西，而单纯从纸上获得知识就难免流于表面，即"纸上谈兵"。学习只有联系实际，尽可能地亲自体会验证一下，认识才能由浅入深，把书本知识化为自己的认识。有的人非常喜欢读书，读了很多书，甚至到了博览群书、皓首穷经的地步，却变得迂腐，到头来一事无成；有的人则嗜爱书成癖、痴心不改，涉猎之宽广与理解之深刻皆令人佩服，却又偏偏忽略了运用，以致空有知识而缺乏能力，实际操作起来一筹莫展，不能不说是一件人生憾事。某报报道有人能背出圆周率小数点后83431位，可谓"记忆超人"，这当然是好事，但如果仅仅是记住而不能应用到生活实际中并且有所创新，有所创造，又有什么意义呢？对我们来讲，重要的不是你读了多少书，学了多少知识，而是能不能将这些知识运用到实践中，有没有创造出新的物质财富和精神财富。有句名言讲"知识就是力量"，其实它也并非把知识简单地等同于力量，而是指只有当它转化为思想、财富的时候，才能成为力量。

家 风 故 事

赵襄子学驭

赵襄子是春秋末年晋国人，他才艺超群，但自感美中不足的是驾车的本领很一般，为此他拜当时有名的驭手王良为师学习驾车的技术。俗话说"名师出高徒"，经过一段时间的学习，一个教得认真，一个学得仔细，赵襄子终于掌握了驾车技术。他对自己驭术的提高很满意，渐渐滋生出骄傲的情绪，有一天竟迫不及待地提出要同王良进行驭车比赛。

王良没想到赵襄子提出这样的要求，但感到赵襄子确实大有长进，便同意了他的要求。他俩连续进行了三场比试。出乎赵襄子意料的是，尽管自己每次比赛前都做了精心的准备，而且每次比赛都换一匹骏马，势在必赢，可是每次比赛的结果都令赵襄子感到沮丧，因为他的马车总是落在王良的后面。

几天以后，赵襄子还是郁郁寡欢。心想：驭术上我已经进步这么快，而且每次比赛准备得又都那么充分，怎么还是输呢？一定是王良有什么绝招没有教给我。想到这，他很气恼，找到王良，埋怨道："我向你学驾车这么长时间以来，我们相交亲如手足。你说你已把全部技能教给我了，但比赛三次我都输了，事实证明，你还留着一手。"

王良听完，又看了看赵襄子的神情，心平气和地说："你不必生这么大的气，你想得不对，事情并不是这样的。你学驭心切，我既然答应了教你，就不会留一手，我的技术确实毫无保留地传给你了。"

赵襄子一听急忙反驳："如果真像你说的那样，那为什么我总是输给你呢？"

王良摆摆手说："别急，听我慢慢说，你确实在我的教授下掌握了驾车技术，但是，你还不会灵活地运用技术，你把技术用死了。"王良顿了顿，看了看赵襄子进一步说："驾车最重要的是使马的身体安稳地套在车内，只有稳才能快，不然的话，东摇西晃，怎么能快呢？马跑起来后，驭手便要用心去指挥和调整马的方向和速度。驭手和马要保持一种默契，做到动作协调，这样才能得心应手，马才跑得快。比赛的时候，也要注意把学到的驾车知识灵活地运用到驾车的过程之中，一心不可二用，不能光为比赛而比赛。"王良又停下来，看着赵襄子若有所思的神情，知道还没有彻底说服他，于是接着说："你同我比赛的时候不用心，不是一心驾驭，总是想着输赢，精力分散，这样就势必导致你在落后的时候一心要超过我；跑在前面的时候，又唯恐我追上来，心里紧张到极点，人和马的步调就不协调，步伐也就容易乱了。"

赵襄子听了，感到王良确实说中了自己的要害，便频频点头，心中的怒气渐消。王良见状就趁热打铁继续说："驾车比赛，总有先后，心里要放松，要平衡，如果把先后看得过重，全部精力都集中在比个高低上，哪里还有精神去指挥和调整自己的马匹呢？这当然会影响速度，也是你落后的原因啊！"

听了这一番话，赵襄子回想比赛的前后经过，感到王良说得确实中肯、深刻，不由得对王良心服口服。

从此，他按照老师的话去做，果然技艺大进，他驾驶的马车跑得更快了。

学习来不得半点虚伪和骄傲，知识的获得绝不是头脑里清楚就可以了，更重要的是应该在实际操作中灵活运用，充分发挥。任何患得患失和浮躁都于事无补。

第八章

践学：尽信书不如无书

第九章

智学：工欲成事必有利器

英国生物学家达尔文说："最有价值的知识是关于方法的知识。"方法和努力是一艘船的双桨，好的学习方法对学习结果是非常重要的，只有找到适合自己的学习方法，再努力一些，学习效果才能显现出来。

读书要讲究方法

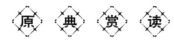

【原文】

读书不知要领，劳而无功。

——张之洞 《书目答问》

【译文】

读书要知道方法，否则徒劳无功。

书香传世

如今，我们每个人手里都有几本自己喜爱的书，有的是自然科学、百科知识方面的书，有的是故事书，如童话、寓言、神话、成语故事等，还有的是大作家写的名著、儿童文学作品等。虽然我们拥有很多书，但是有很多人不爱读书，不会读书，在老师和父母的逼迫和监督下盲目地读书，因而读了也白读，没有多少收获。那我们到底怎样读书才能让书本上的知识真正变成自己的呢？

首先，要处理好读书的数量与质量问题。读书要有数量要求，因为一个人的成长需要涉猎广泛的知识。同时，现在处于信息时代，图书的门类、内容越来越丰富，出书的速度也越来越快，因此多读书是十分重要的。常人说"博览群书方能成才"，指的也是这个意思。当然，读书不能一味追求数量，囫囵吞枣、浮光掠影是不可取的。读书要讲究质量，特别对质量高、知识含量大、值得品味的书要认真读，加以理解和领会，有的篇章还应背诵。

其次，不同的书有不同的阅读方法，主要是看这些图书与我们的学习兴趣爱好和今后发展的关系是否密切。关系较远的书，大致浏览即可，以此了解全书的大概内容。这种读书方法被称为"粗读"。第二种被称为"深读"，就是在掌握内容大意的基础上，对重点内容做深入的了解；第三种是精读，在理解重点内容之后，把各部分内容融会贯通，形成整体的认识，并把该记的都记住，该体会的都体会出来，还可以进行联想、质疑，写出心得体会。这样读书，收获就会大得多。

家风故事

李生论善学者

王生爱好学习而不得法。他的朋友李生问他："有人说你不善于学习，是真的吗？"

王生不高兴，说："凡是老师所讲的，我都能记住它，这不也是善于学习吗？"

李生劝他说："孔子说过，'学习，但是不思考，就会感到迷惑'，学习贵在善于思考，你只是记住老师讲的知识，但不去思考，最终一定不会有什么成就，根据什么说你善于学习呢？"

王生更生气了，不理睬李生，转身就跑。过了五天，李生特地找到王生，告诉他："那些善于学习的人不把向地位比自己低的人请教当成耻辱，选择最好的人，跟随他，希望听到真理啊！我的话还没说完，你就变了脸色离去，几乎要拒人于千里之外，哪里是善于学习的人所应该具有的（态度）呢？学习的人最大的忌讳，无过于自我满足，你为什么不改正呢？如不改正，等年纪大了，荒废了岁月，即使想改过自勉，恐怕也来不及了！"

王生听完他的话，感到震惊，醒悟过来，道歉说："我真是不明智，今天才知道你说得对。我要把你的话当作座右铭，以示警诫。"

读书之法在于循序渐进

【原文】

读书之法，莫贵乎循序而致精。

——《情理精义》

【译文】

学习要循序渐进，量力而行，不能超越现实。

书香传世

学习任何知识，必须注重基本训练，要一步一个脚印，由易到难，扎扎实实地练好基本功，切忌好高骛远。如果前面的内容没有学懂，就急着去学习后面的知识；基本的习题没有做好，就一味去钻偏题、难题。这是十分有害的。

学习必须勤于思考。对于处在青少年时期的学生来说，这是一个重要的学习阶段。在这一阶段要注意培养独立思考的能力，要防止出现死记硬背，不求甚解的倾向，要多问几个为什么。一个问题可以从几个不同的方面去思考，融会贯通。学习必须一丝不苟，切忌似懂非懂。例如，习题做错了，这是常有的事，重要的是能自己发现错误并改正它。要在初中乃至小学学习阶段就要培养这种本领。这就要求我们对解题中的每一步推导都能说出正确的理由，每一步都要有根据，不能想当然，马马虎虎。学习必须善于总结：学完一章，要做个小结；学完一本书，要做个总结。总结很重要，不同的学科总结方法不尽相同。常做总结可帮助你进一步理解所学的知识，形成较完整的知识框架。

对于成年人来说，由于工作原因可能学习的时间很少，更要注重方法，循环渐进地去学习。

学习方法要因人而异、因学科而异，正如医生用药，不能千人一方，学习应当从实际出发，根据自己的情况发挥特长，摸索适合自己特点的有效方法。

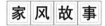

徐特立的读书方法

著名教育家、革命老人徐特立，读书从不贪多图快，而是注重实效。他认为，与其用读一本书的时间，马马虎虎地读十本书，不如用读十本书的时间，老老实实地去读一本书，把这本书读得字字分明，句句通透。

当年徐特立先生曾经刻苦攻读过《说文解字》。这部书是 1800 多年前东汉人许慎编写的，是我国有史以来第一部系统分析字形和考究字源的字典，共收有 9000 多个字，字体都是用篆籀古文写成的，阅读起来非常困难，字形读音都非常难记。但是，研究中国古代文学、文字学等学问，这又是一本不能不会的重要工具书。怎么办？掌握它。为了攻下这个难题，徐老给自己制订了一个学习计划，每天只学两个到三个字。他白天研究学习这两三个字，晚上睡觉时用右手食指在左手掌心里默写白天学过的字，直到熟练了再学下一个字。

《说文解字》一书共有 540 个部首，他每天坚持学两个到三个字，就这样积少成多，花了几年的时间才把这本十分难啃的书读完。

徐老年纪很大的时候才开始学习外语，他采用了同样的方法。他给自己规定：每天学习一个生词，一个基本句型。这样，他一年就牢牢记下了 365 个生词和 365 个基本句型。经过几年的努力，他用这种由少到多的学习方法，掌握了法文、德文和俄文等好几种外语。他说："我读书的方法总是以'定量''有恒'为主。不切实际地贪多，既不能理解又不能记忆。要理解，必须记忆基本的东西，必须'经常''量力'才成。"

徐特立先生主张读书应当由少到多，积少成多，循序渐进。他是这么说的，也是这么做的，这也是他取得突出成就的重要原因。从他成功的学习经验中，我们应该受到许多有益的启发。

第九章 智学：工欲成事必有利器

201

好记性不如烂笔头

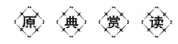

【原文】

好记性不如烂笔头。

——中华俗语

【译文】

一个人有再好的记忆，也不如一支笔记下的知识牢固。

书 香 传 世

做笔记是读书治学的好方法。俗话说"好记性不如烂笔头""最淡的墨水胜过最强的记忆"，说明了做笔记的重要性。

下面介绍两条做笔记的方法。

1. 符号笔记法。

是在教科书、参考书和其他书原文的旁边标注不同的符号，如直线、双线、黑点、圆圈、曲线、箭头、红线、蓝线、三角、方框、着重号、惊叹号、疑问号，等等，这样方便找出重点，或者提出疑问。不同的符号代表不同的意思，这是靠自己控制的。对于比较长的段落，可以用圆圈、三角或阿拉伯数字标出层次，让意思更加清楚明白、逻辑清晰，方便记忆和掌握。

2. 批语笔记法。

就是把该书的学习心得，随时随手在书上加上批语，如在原文顶端或后面的空白处加上眉批、尾批，在行间加旁批，在佳妙处加旁点，在最精辟处加旁圈。

对于书本中对重点内容，例如在课文中的字、词、句、注释、文字常识等下面，注上圆点、曲线、直线、虚线、双线、波浪线、加框等，也能将老师讲课的重点、要点和难点以及自己不懂的一些问题和评价随时写在书页空白的地方。这种记载方式很方便，阅读、听课、标记同时进行，对以后学习过程中的复习和巩固知识有特别重要的作用。

家风故事

张溥抄书

张溥是明朝人，小时候因天资较差，常常过目即忘，但他并不垂头丧气，而是想办法来克服这个缺点。有一次，他在读书过程中偶尔发现了一篇有关董遇读书故事的文章，还用檀木做的椎（槌）子击弦弹棉代替手指弹拨。这样做不仅效率高多了，弹出的棉花也均匀一致，提高了纱和布的质量。其中"读书百遍，其义自见"这句话给了他很大启发。他想：人家读一篇文章，有个七八遍就能够背诵了，而我读了一二十遍却还只能断断续续地背个大概，不能不承认差异。可是，我再怎么笨，只要多背几遍，保证每篇文章都读一百遍，不也能行吗？从此，他就开始这么做了起来。古时候，私塾先生要求学生背诵的都是"四书""五经"之类枯燥乏味的文章，要重读一百遍，别说一个七八岁的孩子，就是一个大人也会觉得厌烦。可张溥硬是不厌其烦地坚持下来。口渴了，他就舀一瓢凉水喝；嗓子哑了，他就把声音放低一点……苦读了一段时间，他终于能连贯地背出文章，这使他异常高兴。可是白天背得挺熟的，第二天一觉醒来，又忘得差不多了，这使他十分焦虑。他决心寻找出一种更为有效的读书方法。

一天上课时，先生叫张溥背诵文章。开始几段，他背得好好的，先生也挺满意的，可没背一会儿，他就背不下去了。这下他可急了：昨天还当着父亲的面背得很流利的，今天怎么就背不出来了呢？而他越急，就越想不出来，最后只好低着头等着挨先生的责打。先生见张溥愣在那里，非常生气，便拿戒尺使劲地在张溥的手掌上抽打了几下，直打得张溥白嫩的小手掌红肿起来。打完了，先生余怒未消，说："你怎么这样不用功？罚你回去把这篇文章抄十遍，明天交给我！"

张溥挨了打，可他一点儿也不怨恨先生，只怪自己不争气。回到家草草

203

第九章 智学：工欲成事必有利器

学

学海无涯苦作舟

204

吃过晚饭，他就在灯下铺好纸，研好墨，挥笔抄起书来。文章较长，他抄得又认真，等他抄完，已经是半夜了。第二天到校，他把抄的书交给先生，没想到先生又让他接着背昨天的文章。这下可把张溥急坏了："这下完了，我只顾抄书，没有特意背呀！"可看着先生那严厉的样子，他只得硬着头皮背了起来。谁知奇迹发生了，上句刚一出口，下句居然就跟着跳了出来，一会儿工夫他就把整篇文章顺利地背了出来，而且没有一次停顿，也没有背错一个字。先生听了，不由得连连称赞道："好，好，就应该这样背！"

在放学回家的路上，张溥一直在琢磨背书的事："奇怪，昨天我并没有刻意背书呀，可今天为什么就能脱口而出呢？难道是因为我抄了十遍的缘故吗？"正好先生又留了新的背书作业，他决定按昨天的办法再试一试。回到家，他先把文章朗读一遍，然后开始抄写，边抄还边默诵着，抄完一遍，又大声朗读一遍，接着再抄写一遍。这样循环往复，当抄到第七遍的时候，他觉得自己不仅已经领会了文章的意思，而且还能够熟练地背诵了。他放下笔，高兴地喊了起来："好，我终于找到背书的诀窍了！原来果真是'好记性不如烂笔头'呀！"

从此以后，张溥读书必手抄，读后又随即焚去，再抄，再读，再焚，如此反复六七次方休。后来，他把这种读书方法称为"七录"，他把读书的屋子也取名为"七录书斋"。这样长年累月地抄写，他右手握笔的手指上都磨出了老茧。夏夜蚊虫叮咬，他读书时就在桌下放一大瓮，将两足置于瓮中，常常通夜地读。冬天冷风吹刮，手被冻裂了，张溥用热水温一温手，又开始抄读。

原来天资较差、记性不好的张溥，靠着这种读书"七录"的扎实工夫，不仅博识广学，还成了著名的文学家。他著书立说，思路敏捷，文笔流畅，文章内容深邃，颇得后人好评。

兴趣是最好的老师

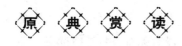

【原文】

人若志趣不远，心不在焉，虽学无成。

——张载《经学理窟·义理篇》

【译文】

一个人如果没有远大的志向，精神不集中，即使学习也不可能有太大的作为。

书 香 传 世

兴趣，是指一个人力求认识某种事物或从事某种活动的心理倾向。有人说过，"兴趣是人最好的老师"。人都会因为兴趣而执着于某一样活动，并在最后取得或小或大的成功。

兴趣和爱好对一个人的学习具有强大的推动力。它能让学习变得更加快乐。有了兴趣、爱好，人们就会下意识地从事或追求这种爱好的事情。

有趣的学习等于有效地学习，所以对学习没有兴趣而硬逼着自己去学是非常枯燥的。兴趣不但是成功的基础，更能推动人们不断前进。人一旦对学习没有了兴趣，就像鸟儿没有了翅膀，再也感受不到飞翔的享受，只能跌跌撞撞地前行在泥泞的道路上。

家 风 故 事

以读书为乐的李密

李密是隋朝人，他少年时曾经在皇宫里当侍卫，但是由于他活泼好动，在值班的时候眼睛也向左右张望，结果被隋炀帝发现了，就把他赶回了家。

李密回到家乡以后，为了维持生计，他就去帮人家放牛。李密是一个非常喜欢读书的人，在他看来，生活苦一点没有关系，只要能读书，那就是天下最让人高兴的事情。所以每次去放牛，他都在把书挂在牛角上，一边放牛一边读书。李密觉得这个办法非常不错，既丢不了牛，又能读书，这可比把牛放开，而自己坐在一边读书安全多了。

有一次，李密听说山里有一位非常有学问的人，他便想去向那位名士请教一些他在读书过程中遇到的不明白的事情，于是他在牛背上放了一个坐垫，把《汉书》挂在牛角上，骑着牛，读着书，出发了。

当李密自得其乐地大声读着书赶路的时候，有一个人骑着马飞快地从他身旁跑了过去，那人跑出好远，又勒住马，转头跑了回来，在李密的面前停住马，赞叹他说："这么勤奋的书生可真是少见啊！"李密抬头一看，这个人他在宫里见过，是越国公杨素，于是他赶忙从牛背上跳下来，拜见越国公。

后来，越国公杨素把李密收到自己的身边，李密一直做到了"蒲山公"。由于皇帝昏庸，老百姓的日子越来越艰苦，后来，以魏徵、秦琼和程咬金一些人为首的农民队伍在瓦岗寨起义，要推翻大隋朝，李密到了瓦岗寨，做了魏王。

吴伟伴读成画家

吴伟，明成祖永乐朝会稽人，出身于平民家庭。虽然家中贫穷，他却喜欢读书，每当在门前玩耍时，看见有去上学的学生，便眼巴巴地跟在人家身后，一直看着人家进入校门，他才回来。后来，他的行动被学校的老师看到了。老师见他虽然穿得破烂，但两只眼睛却十分有神，认为他定然聪明，又见他天天跟着上学的学生来回跑，就知道他渴望读书学习。

这一天，老师又碰上吴伟跟着一个上学的孩子来到校门口，便叫住他说："孩子，你叫什么名字？喜欢读书吗？"

吴伟见问，眼圈马上红了，低着头回答说："我姓吴名伟，听父亲说是希望我志向宏伟。我可想上学了，但是因为父亲长年有病，靠母亲一人纺织生活，哪里有钱再交学费呢？"

老师笑着说："好一个志向宏伟的伟！既然志向宏伟，哪能不上学呢？这样吧，我成全你的志向，不收学费，你就来上学吧！"

吴伟一听，扑通跪倒在地，流着泪说："谢谢先生的成全，我给您磕头了。"

就这样，吴伟渴望读书的行为感动了老师，他开始上学了。

在学校，吴伟学习很刻苦，人又很聪明，往往是老师念出上一句，他便能接出下一句，先生常常对人说："我收了一个得意弟子。"

可是，吴伟只念了一年书，他的父亲便因久病无钱医治去世了。

吴伟退学了，家中连饭也吃不上，便跟着母亲流落到常州，投奔一位亲戚。但是，这位亲戚家也很贫穷，一下子添了两口人吃饭，也觉得承担不起。亲戚的一个邻居是个大官，他见吴伟聪明伶俐，又读过几天书，便收留了他，让他给自己的儿子当伴读。

所谓伴读，在宋、元、明各朝都有设置，还是个官名，主要负责宗室子弟的教学工作。这位官员让吴伟给他的儿子当伴读，有讲排场的意思，主要任务是陪着他的儿子一块上学读书，下学回到家中帮助他的儿子复习功课。

吴伟得到这个差使，真是求之不得，高兴极了。

他在学校利用伴读的机会拼命地读书，比他的少东家刻苦得多。课间休息时，按说他还要陪着少东家玩，每到这时，他便哄着少东家说："今天的学习内容，有些我还没弄明白，回去后怎么教你？要是我也不会，老师就不让我给你当伴读了！"

少东家一听，觉得吴伟说得有道理，便自己玩去了。吴伟则抓紧时间学习。

那位官员听说这件事后，认为吴伟做伴读很负责任，还表扬了他。

第九章 智学：工欲成事必有利器

老师见吴伟聪明有才，却给别人做伴读，很不理解。通过交谈，老师知道了吴伟的身世后，很是同情，便像教其他孩子一样教他。

吴伟的学习兴趣很广泛，尤其喜欢画画。由于那位官员家中藏书很多，所以他每天下学后，给少东家布置完作业，便找出一些有关画画的书来看，并且一有空闲，就自己练习画画。

有一天，吴伟在学校伴读时，少东家在作业本上写了两个字，感到写得不好，便撕下扔掉了。吴伟捡起来一看，一张纸只写了两个字就扔掉，感到可惜，便拿起笔来，在上边随手画了一幅画。

他在这幅画中画了一位白发老人，牵着毛驴到河边饮水，画完后觉得很有意思，自己也感到满意，不觉诗兴上来，就在画的旁边题了四句诗。其诗云：

> 白头一老子，骑驴去饮水。
> 岸上蹄踏蹄，水中嘴对嘴。

吴伟刚题完诗，恰巧老师走了过来，拿起一看，不由得哈哈大笑，赞赏道："好一个'岸上蹄踏蹄，水中嘴对嘴'，幽默形象，栩栩如生。画美，诗更美，真是个奇才啊!"

那位官员见儿子在吴伟的伴读下，学习成绩有了明显的进步，对吴伟的印象也很不错，现在又听说吴伟是个奇才，便认为自己的眼力不错，自认为发现了这个奇才，常常引以为豪，因此全力支持他一边伴读，一边画画，敞开供给他笔墨纸砚。

从此，吴伟更加勤奋学画作诗了。

吴伟在老师的帮助下，在那位官员的宣传和支持下，成绩越来越显著，名声越来越大，长大后，终于成了一名著名的画家。

不久，那位官员又把吴伟推荐给明成祖。明成祖认为他的确是个才华横溢的画家，便赐他为"画状元"，还给了他印绶。

培养读书的好习惯

【原文】

嗜书如嗜酒，知味乃笃好。

——《寄题王仲显读书楼》

【译文】

书中自有甘甜，不亚于美酒佳酿。

书香传世

读书，从小处说，可以开阔视野，丰富人的精神生活；从大处讲，可以传承文化，提升人的精神境界，创造出新的文明。

阅读带来的乐趣和享受是如此让人陶醉，那如何培养自己的阅读习惯呢？

首先，读书要学会选择。有的人知道阅读的好处，但读书时却不加选择，见了书就读。但书有良莠不齐，且书对人的影响大相径庭。好书对人的影响是积极的、巨大的；坏书所具有的破坏性是难以估量的，尤其对涉世未深的青少年来说，不加分辨地对书乱读一气，所受的伤害会比不读书更大，因为他们的心灵就像是一张白纸，如果不小心涂上黑色，就不好改变了。应该选择适合自己年龄、水平的且有价值的书去读。当你用一段宝贵的时间读了一本不适合你的书时，你也同时失去了在这段时间读一本好书所带来的益处。

其次，每天坚持读一点。阅读会给人带来好处，但并不是每一次的阅读都能带来立竿见影的效果。阅读要想起到重要作用，是需要时间的投入和量的积累的。持之以恒是非常重要的读书习惯，如果一个人在阅读的时候总是一曝十寒是不会取得好的效果的。

最后，好书要反复读。有的人拿到一本好书，往往是生吞活剥，特别是对于那些有着曲折情节的文学类书籍更是这样，恨不得马上就知道最后的结局，如果有耐心再看一遍，就会发现许多第一遍被我们忽略的妙处。

好的书籍是营养品。生活里没有书籍就好像没有阳光；智慧里没有书籍，就好像鸟儿没有翅膀。

家 风 故 事

朱买臣读书

西汉时期，有一个非常著名的贫民丞相，名叫朱买臣。朱买臣出生于吴县（今属江苏），很小的时候就失去了父母，他没有兄弟姐妹，孤单单一个人，只有靠上山打柴、卖柴来维持生活。要是遇上雨雪天气或柴草滞销，他连吃饭都成问题。朱买臣虽然家徒四壁，可他从不向命运低头，他热爱学习，是个有志气、有抱负的年轻人。

他经常带着书本上山砍柴，砍一会儿柴就坐下来看一会儿书，连挑柴走路时，也会边走边看书，遇到喜欢的篇目，他就会高声朗读，或者背下来然后讲给周围的人听，听者都很佩服这个砍柴的小伙子。

朱买臣在贫困中渐渐长大了，常年的砍柴生活练就了他一副好身板。他很有力气，勤快肯干，邻居们都夸他是个好小伙，在大家的帮助下，他成了亲。成家后，增添了一个人的吃饭花销，可是朱买臣仍旧靠打柴度日，家中贫困依然如故。现在不但日子过得艰难，连读书也受到了限制，不能读得太晚，晚了费灯油；成亲以后，真不如以前一个人时自由自在了，常常受到妻子的管制和责难。妻子看不惯他一天到晚总是捧着一本书看个没完没了，总嫌他只知读书，不去想一想怎样赚钱。她经常说，你生来就是砍柴的，读什么书，读多少书也没用。一次，他正在聚精会神地读书，书中精彩的故事情节吸引着他，他不由得高声诵读起来。这时，妻子叫他做事，他没有听见，妻子走过来，一把抢过他的书，扔到了地上。朱买臣生气极了，但他还是强压住心中的怒火，对妻子的过分行为和责难从来不争执，也不理会；至于自己的读书习惯和爱好，宁肯饿肚子也绝不放弃。

他家里的日子越来越艰难，妻子常常为了控制他买书，不给他零用钱，他就把吃饭的钱省下来买书。他的妻子实在过不惯这种艰苦的生活，又嫌丈夫"恶习"不改，便离开了他。朱买臣十分难过，但想到自己以后又可以自由读书了，也就没有那么伤心了。妻子出走以后，朱买臣静下心来刻苦学习，虽然孤苦伶仃一人，但并没有因此而动摇对读书的追求，他一如既往地埋头于书本里，拼命地读书，做摘抄，时常看书到天明。白天，他仍然坚持一边砍柴卖，一边读书。时间长了，书读多了，他的知识也广博了，他在诗词歌赋等方面都取得了巨大的进步，特别是在辞赋方面有了独到的功夫和见解。他写的作品在社会中流传，人们争相传阅。人们到处打听：朱买臣是哪家高门贵族的子弟？是哪家科举中榜的高才？后来，人们才知道，他只是个靠打柴维生的樵夫。那些市侩的儒生们得知朱买臣只是一位普通的樵夫，不禁大为扫兴，说道："一个打柴的怎么能写出如此的文章，真不可思议，哪天咱们得见识见识。"一个偶然的机会，他们见到了朱买臣，为了考考他，他们轮番给他出考题，诗词歌赋全都考遍了，可一点也没难倒朱买臣，朱买臣总是对答如流，出口成章。在座的人不得不佩服他的真才实学。后来，他们都争着去拜读他的文章。

朱买臣的名声越来越大。汉武帝时，朱买臣得到朋友的举荐，先被朝廷拜为中大夫，后又出任会稽太守令、主爵都尉，一直做到丞相长史，一时身负盛名。虽然往来的都是达官贵人，谈笑之间多为鸿儒，公务也越来越多，可他读书的习惯却一点没有改变。

211

第九章 智学：工欲成事必有利器

如何学习写文章

【原文】

凡为文章，犹人乘骐骥，虽有逸气，当以衔勒制之，勿使流乱轨躅，放意填坑岸也。

——《颜氏家训》

【译文】

凡是写文章，就好比人来驾驭骏马，骏马虽然颇有俊逸的气概，但人要用辔头缰绳予以控制，不能让它随意地乱窜从而错乱了轨迹，以至于到了用躯体来填沟壑的地步。

书香传世

写文章本来就是一件很辛苦的工作，假如不具备坚定的决心和意志，不能够长久地坚持下去，也只不过是在白白浪费时间和精力罢了，终将一无所获，我们应该尽力避免这种事情的发生。

写好一篇文章应该做到以下几点。

第一，多读作品，常梳理。

平时要多读书、读好书。只有博览群书，广泛涉猎，坚持不懈，方能旁征博引，得心应手。当然，书读多了，可用的材料也就多了，并不是任何材料都有用，这就要求平时应经常疏理，取其精华，去其糟粕，并加以归类。使用材料时，要好中选优，选取准确、典型、有价值的，这样才能使文章的说服力强，血肉丰满。

第二，掌握文章的体式规范和写作的基本要求。

写作是一门科学，它有自己的理论和规律，从采集、构思到表现、修改，每个环节都有理论知识和科学方法。从文章构成要素来讲，主题、材料、结构、表达、语言等，都有规律可循；从文体来讲，有记叙文、议论文、说明文、应用文等，每种文体都有其独特的特点和要求，尤其必须正确体现体式规范。平时应认真掌握这些基础理论知识，要常翻阅复习，摸索总结，才能熟练驾驭它们。在写文章的时候，就能首先给文章定下一个正确框架或模式，通过创造性的思维，对所写的内容进行分析，选用最佳的方式，准确地通过语言文字予以表达。

第三，重视锤炼语言。

高尔基说："语言是文学的第一要素。词句运用得好坏，直接影响到文章质量的高低，因此，推敲、锤炼语言是写文章必不可少的步骤。"

须知文章不厌千回改，古人云"两句三年得，一吟双泪流""吟安一个字，捻断数茎须""为求一字稳，耐得半宵寒"。可见，不下功夫锤炼语言，就写不出生动多彩的文章来。

第四，转变角度，力求"新""特"。

文章要有新意，要有自己独特的见解，而不要千篇一律，平平淡淡，给人一种乏味的感觉。我们要跳出常人的眼光，学会从多种角度看问题，反复推理，认真比较，发挥想象，做到触类旁通、举一反三。

家风故事

王勃的《滕王阁序》

唐高宗龙朔三年（公元663年），天高气爽的九月，洪州都督阎伯屿整修滕王阁落成，于重阳节在阁中大宴宾客。这时，去交趾看父亲的王勃，溯江西上来到南昌。王勃当时年仅十四岁，但他的文采在当时已经声名远播，阎公闻知这位少年才子来到洪州，便发帖邀请王勃参加滕王阁的盛宴。

阎公举行这次盛大宴会，表面上说邀约文士才子为新近整修落成的滕王阁作序并题诗，实则私底下有着另一番"美意"：让他的女婿吴子章露上一手。吴子章是宦门子弟，也是世代书香，他博学多才，擅长辞赋，在江南一带颇有些名气，因而极得阎公的喜爱。为了让女婿名声更隆，美誉流传更广，阎公预先已让吴子章写好了序，他大摆筵席，只不过是借众人之势抬举女婿，虚应故事罢了。

宴会刚刚开始，阎公待仆从摆好纸笔，便遍请在座嘉宾。众人其实早已得知阎公之意，于是都一一婉言谢绝。谁知王勃见大家推辞，竟毫不客气地走上前来，提笔就写。阎伯屿一番苦心经营，就这样一下子被王勃毁了，顿时愤然作色，拂袖退居一旁，暗地里却令一位小吏假装磨墨牵纸，观察王勃怎样下笔。那位小吏开始报道："豫章故郡，洪都新府。"阎公笑道："老生常谈！没有新意。"接着，小吏又报来来两句："星分翼轸，地接横庐。"阎公听了，抚须沉吟不语。当小吏报道"落霞与孤鹜齐飞，秋水共长天一色"两句时，阎公不禁蘧然而起，惊叹道："此真天才，当垂不朽矣！"当下心中的责怪和不满全都消散而去，他不由自主地来到案边，想目睹这位少年才子是怎样挥笔疾书的。只见王勃文思如涌，笔走龙蛇，字迹清秀，词采华美，韵调和谐，意境开阔。一时间，阎公竟看得目瞪口呆，内心敬佩不已。

王勃一挥而就，末了题上"绛州龙门再勃题"几个字，便掷笔，离席，返座。

王勃当时还只是一个十四岁的少年童子，写出这样的旷世奇作真是不可思议，因此后人为其添加了些传奇色彩，说这是神授之笔。其实，王勃自幼博览群书，幼年苦读，积累厚实；自六合省父以来，游历江南名山大川，胸罗奇峰幽壑，阅历渐丰；加之他以少年羁旅之身，浪迹江湖，经过各种各样的磨炼，对时事、人生都有着颇多感慨。值此初登滕王阁，纵目远眺，但见云淡风轻，霞鹜齐飞，水天一色，渔舟晚唱，不尽心驰荡漾，逸兴遄飞，于是有感而挥笔，正所谓"佳句江山助，文章时势成"。

《滕王阁序并诗》文笔生动流畅，既写了滕王阁建筑之伟丽，宴会之盛大，主人之热情，又写了"豫章故郡"地理之重要，"洪都新府"地域之繁华。尤其是对周围壮丽景色的描绘简直是出神入化、妙笔生花，而"落霞与孤鹜齐飞，秋水共长天一色"之句，更是写出了前人难以描绘的景物和寥廓的境界，简直妙到毫巅，成为千古绝唱，代代相传。

凡事豫则立，不豫则废

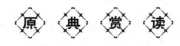

【原文】

凡事豫则立，不豫则废。

——《礼记·中庸》

【译文】

不论做什么事，事先有准备，就能得到成功，不然就会失败。

书 香 传 世

"凡事豫则立，不豫则废。"学习也是一样，应当规划自己的学习计划。学习计划每个人都应该有，而且每个人都要有一个合理的学习计划。

我们要想制订一份合理的学习计划，需要注意哪些问题呢？

首先，从实际出发，做到实事求是。

比如，在这个月的学习中要接受和消化多少知识？要着重培养哪些能力？自己在学习上欠了哪些债？在某一阶段的学习计划中可以偿还多少欠债？要正确评价自己所处在阶段，有针对性地制订学习计划。

其次，长期计划与短期计划相结合。

一份学习计划，如果只有长期计划，却没有短期计划，目标是很难实现的。长期计划是明确学习目标和进行大致安排，而短期计划则是具体的行动计划，所以两者缺一不可。俄罗斯著名诗人普希金曾说："要完全控制一天的时间，因为脑力劳动是离不开秩序的。"针对自身特点，做出切合实际的安排，以清楚地知道在一天、一周内要做什么事情，使自己有条不紊地学习。

第九章 智学：工欲成事必有利器

再次，内容丰富多彩。

要想真正完成好学习计划，在制订计划的时候，一定要对自己的学习生活做出全面的安排，应包括社会工作时间、为集体服务时间、锻炼时间、睡眠时间及娱乐活动时间等。如果一份学习计划只考虑三件事：吃饭、睡觉和学习。这种"单打一"的学习计划会使生活单调、乏味，久而久之会容易使人疲劳，既影响学习效果，也影响全面发展。

最后，安排留有余地。

要好好考虑自己订的计划是否具有可行性。把几本书全背上几十遍固然是好，可是从体力、时间上来说根本不可能。要把有限的时间和力气花在刀刃上，要弄清楚哪儿是重点、哪儿是自己的弱点，并花大力气在这上边。不管什么时候，不管学习多么紧张、形势多么严峻，都一定要给自己留足休息和放松的时间。半个月或一个月出去度个假、玩一玩是个好主意。适当的放松不仅不会浪费时间，反而会促使你高效地利用时间，是一个提高效率的好方法。

家 风 故 事

懂得规划的邓亚萍

邓亚萍，1973 年 2 月 6 日出生于河南郑州，国家女子乒乓球退役运动员。邓亚萍在国家队的日子里，每天都是超额完成自己的训练任务，队里规定上午练到 11 点，她就给自己延长到 11 点 45 分，下午训练到 6 点，她就练到 6 点 45 分或 7 点 45 分，封闭训练规定练到晚上 9 点，她练到 11 点多。邓亚萍为了训练经常误了时间，她就自己泡面吃。

在队里练习全台单面攻时，邓亚萍依旧往腿上绑沙袋，而且面对两位男陪练的左突右奔，一打就是 2 个小时！

在进行多球训练时，教练将球连珠炮打来，邓亚萍每次都是瞪大眼睛，一丝不苟地接球，一接就是 1000 多个。据教练张燮林统计，邓亚萍每天要接球 1 万多个。

可以说，邓亚萍具备了成为时间的主人所应当具备的所有良好能力和品格——既然成为一名乒乓球运动员，那么目标就是世界冠军；既然自己的先天条件并不出色，那么就靠后天的勤奋来补；既然运动员的运动生命是如此短暂，那么就把有限的时间更多地投入到刻苦训练当中来；既然走向世界冠军的过程很辛苦，那就抱着平和的心态和积极的情绪应对每一天的训练。辛勤的汗水终于换来了回报，国际奥委会前主席萨马兰奇也为邓亚萍的球风和球艺所倾倒，曾在奥运会上亲自为她颁奖，并邀请她到洛桑国家奥委会总部做客。

作为一名运动员，邓亚萍把运动员的技艺和品质发挥到一流。然而一个人的运动生涯总是有限的，退役后的邓亚萍选择了读书，然而读书和打球是截然相反的两件事。刚到清华大学外语系报到时，指导老师让她一次写完26个英文字母。当时在别人眼中看来最简单不过的事，邓亚萍却费尽心思后才把它们写出来。在运动赛场上邓亚萍让无数的对手闻风丧胆，但是面对基本的英文知识，她却像一个小学生那样茫然，她感到人生又一次面临重大的挑战!

学生的天职是学习，邓亚萍对每个阶段的目标和任务都非常清晰，于是她卸下运动员时期获得的所有光环，选择迎难而上，踏踏实实地开始了学习生涯。

在她终于获得硕士学位后，邓亚萍又动身前往剑桥大学攻读博士学位。在剑桥大学近八百年的历史中，第一次有像邓亚萍这种重量级的世界顶尖运动员拿到博士学位。

可以说，作为一名学生，邓亚萍同样也是十分出色的。由于长期的比赛和训练，她的功课底子并不是很好，但是她却凭借不服输的劲头，在学习生涯中同样取得了辉煌的成绩。

邓亚萍的奋斗历程非常值得我们学习。其实人生是由一个个具体的阶段组成的，在不同的阶段有着不同的任务和目标，把握好每个阶段的目标，目的是要让整个人生都活得精彩纷呈。从另一个角度说，在某一个时段做得出色并不意味着一生都会很精彩，我们没有必要在取得一点成绩的时候就沾沾自喜，从而放松甚至是放弃了随后更需要拼搏和奋斗的人生历程。

第九章　智学：工欲成事必有利器

如何专心学习

【原文】

两耳不闻窗外事，一心只读圣贤书。

——《增广贤文》

【译文】

读书人要少管是非，多钻研学问。

书香传世

专心学习对于我们来说非常重要。在学习中如何做到专心学习呢？下面这些方法可供借鉴。

方法之一：对专心的素质要有自信。

相信自己可以具备迅速提高注意力集中的能力，能够掌握专心这样一种方法，你就能具备这种素质。我们都是正常人、健康人，只要我们下定决心，排除干扰，我们肯定可以做到注意力的高度集中。

方法之二：善于排除外界干扰。

要在排除干扰中训练排除干扰的能力。毛泽东在年轻的时候为了训练自己的注意力，曾经给自己立下这样一个训练科目：到城门洞里、车水马龙之处读书。为了什么？就是为了训练自己的抗干扰能力。

方法之三：善于排除内心的干扰。

对各种各样的情绪活动，要善于将它们放下并予以排除。

方法之四：做到"三抓"。

抓态度：学习专心、细心，勇于克服学习中的困难，书写要准确、工整、清洁，不能虎头蛇尾或龙飞凤舞。

抓技能：想问题、做作业时要求准确迅速，在质中求快；语言表达务求清楚、生动；手工操作、口头背诵务求熟练。

抓能力：主要是观察力、注意力、记忆力、想象力与思维力，在课余一切学习中都要注意认真培养这些能力。

家风故事

苦学钻研的喻浩

喻浩是北宋初年浙江的一位著名的建筑家。他擅长营造，特别擅长建宝塔，被誉为"造塔鲁班"。宋朝的大文学家欧阳修曾经称赞他说："国朝以来，木工一人而已。"当时还有一句民谣："诗词数白公，造屋忆喻浩。"人们将他在建筑上的成就与大诗人李白相比，足以见他技艺之高。

喻浩从小就很喜欢做木工活。小时候，他常常到外面去捡些破木头，将它做成小巧美观的家具、房子、塔等各种玩具。到了二十多岁，他的手艺已经很不错了，能够造厅堂、庙宇、亭台楼阁。

当时，汴京城有一座相国寺，是唐代修建的著名建筑物。相国寺的楼檐造得非常精巧，一般人观看后，赞叹一番也就罢了，但喻浩为了弄清它的结构和建造技巧，经常仔细地观察研究。为了学会修造这种飞檐结构，他常常一个人跑到寺前观察。

有一次，他来到相国寺，起初是站着看，累了就坐下来看，坐久了又躺下来看，足足躺了一个时辰。寺里的人误以为他是无家可归、栖身寺门的乞丐，拿起棍棒要赶跑他。当有人认出他是大名鼎鼎的高手巨匠时，才消除了一场误会。

就这样，喻浩在相国寺外面，边看边琢磨，接连看了许多日子，终于弄懂了其中的结构和奥妙，掌握了制造这种飞檐的技术。

不仅如此，为了钻研建筑艺术，他每到一地都要仔细研究当地的气候条件、风俗人情，作为设计工程的参考。所以他在建筑方面取得了很高的成就。

北宋初年，浙江一带仍存在着"十国"之一的吴越国。吴越国王在国都

第九章　智学：工欲成事必有利器

杭州梵天寺建造一座方形的木塔，叫梵天寺塔。当木塔初步建成，还未全面完工时，国王就迫不及待地登塔。走到第五层时，塔身突然摇晃起来。国王很害怕，停下脚步，并责问主持木塔施工的总司务。总司务非常紧张，又不知塔身摇晃的原因，只得对国王含糊其辞地说："这恐怕是塔身很高，塔顶又没有盖上瓦片，上截轻了，所以摇晃起来。"

国王说："那好吧，等宝塔盖瓦封顶后，我与王后再来登临，那时候可不能再晃动了！"

宝塔全部完工后，总司务率领工匠登塔，发觉塔身仍然摇晃不已，偶尔一阵风吹来，塔晃动得更厉害了。怎么办呢？晃动着的宝塔不是要吓坏国王和王后吗？总司务冥思苦想也想不出解决的办法，于是就向喻浩请教。喻浩仔细听了总司务的叙述，说："好办，这个问题容易解决。""容易解决？"总司务奇怪起来，"你还没登过塔哩！怎么就有办法了？您是不是去查看一下呀？"

"不用了，你照我说的去办吧。"喻浩说，"在宝塔的每一层铺上木板，用铁钉把木板钉住，塔身保证不晃动。"

喻浩说得很有把握，总司务虽半信半疑，回去后仍然照他说的办了。

过了几天，塔身内各层都铺钉了一层木板，总司务带着几十个人同时登塔，恰巧遇到当天有大风，而塔身果然纹丝不动；又由于铺上了木板，地面光滑洁净。登高远眺，着实令人心旷神怡。

为了设计各种样式的塔、楼、亭、阁，喻浩时时动脑筋，反复揣摩。每夜睡到床上，他总把双手十指交叉起来放在胸前，不断变换各种形状，搭成建筑物的样子，并进行对比、归纳、取舍。

晚年，他又花了五年时间，完成了中国第一部关于木结构建筑的著作《木经》，共三卷。要知道，他只读过三年书，如果没有勤奋钻研的精神，是根本完不成这部专著的。

第十章

教化：金秋硕果满园香

教学，顾名思义就是"教"与"学"，分为两部分，指教师传授给学生知识、技能，学生如何学习。教育对学生的成长很重要，无论教师还是学生、家长，都应当重视教学，摆脱现在的应试教育，从前人的教学中吸取一定的经验，为今天的教育做贡献。

育人为本，德育为先

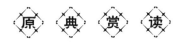

【原文】

兴贤育才，为政之先务。

——《朱舜水集·劝学》

【译文】

重视教育是建国的根本，培养人才是治理国家的首要任务。

书 香 传 世

自古以来，我国就有尊师重教的优良传统，把学知识、受教育作为个人的安身立命之本，把振兴教育、培育人才作为国家的基本国策，无论是艰难时日还是太平盛世，始终不曾改变。

教化学生，要遵循"育人为本，德育为先"的原则。

育人为本，顾名思义，就是要把教育人、培养人作为根本任务，作为立足点、出发点和落脚点。育人为本的具体内涵是教育学生学会做人、学会学习、学会做事、学会创造、学会健体，并具有健康的心理和生活方式。

学会做人，就是培养学生获得健全的人格，懂得怎么做人，做什么样的人；学会学习，就是培养学生的学习兴趣、学习方法和学习技巧，教会他们在浩瀚的知识海洋里汲取更多的知识，并树立终身学习的观念；学会做事，就是会处理人与人、人与社会、人与自然之间的关系，积极参加社会实践活动，增强团体意识，用掌握的知识为社会、为人类做贡献；学会创造，就是培养学生不断进取的创造精神，用所学知识去创造新事物，发现别人没有发现的真理，解释合规律发展的未知自然现象和社会现象；学会健体，就是要教育学生真正认识到身体是成就事业的本钱，积极参加锻炼，用良好的身体素质去主动适应不同的工作环境、生活环境和自然环境；培养学生具有健康的心理和生活方式，养成积极向上的进取精神，始终保持平和的心态，对事业、对工作、对生活充满信心和希望。

德育为先，就是要把对人的理想教育、爱国教育及思想品德的培养始终放在育人的首位。

那么如何在教育中实施"育人为本，德育为先"呢？每个教师都要有"育人为本，德育为先"的责任感和使命感，"教书育人"是师德的最基本要求，不仅要求教师传授知识，还要教会学生如何做人。

家 风 故 事

徐特立教化学生

1924 年，中国著名教育家、毛泽东的老师徐特立任长沙女子师范学校校长不久，就在办公室的前廊上挂出一块黑板，上面既不贴公文告示，也不写校内简讯。每天清晨，徐老就要在黑板上题诗一首，对学生们进行思想教育。下面这首诗便是这一情形的生动写照：

> 早起亲书语数行，格言科学及词章。
> 为便诸生一浏览，移来黑板挂前廊。

徐特立常说："教育学生不应该用强制手段，更不应该用粗暴的态度。中国古代温柔敦厚的诗教，今天学校教育中还是用得着的。"从此，黑板题诗成了他每天必不可少的日常工作和对学生进行品德教育的重要手段。

由于徐特立对学生体贴入微、关怀备至，学校师生曾送他"外婆"的尊称。每晚九点，响了熄灯铃后，他总要手提马灯，和女训育员轻步巡视学生寝室。当他发现有的学生熄灯后还在叽叽喳喳地聊天时，第二天就在黑板上写道：

> 脚尖踏地缓缓行，深恐眠人受我惊。

为何同学不相惜,不出嘻声即足声?

还有一次,徐老发现高年级学生单秀霞约了另一位同学,在熄灯后偷偷跑到厕所旁的路灯下,为她的未婚夫织毛衣,还边织边悄声交谈。他理解她们的一片痴情,甚为怜爱,唯恐惊吓了这两位女学生,只是在门外细声细气地叫道:"这么晚了,也该睡了吧!"两位女学生一听,相互吐了吐舌头,便悄悄回去就寝。第二天,她们以为校长一定会严厉地批评她们一顿,谁知徐校长并未对她们训斥,只是在黑板上写了两首诗规劝:

> 昨夜已经三更天,厕所偷光把衣编。
> 爱人要紧我同意,不爱自己我着急。
> 东边奔跑到西边,不仅打衣还聊天。
> 莫说交谈声细细,夜深亦复扰人眠。

单秀霞和她的同学见此诗后,深受感动,主动到校长室,承认她们不遵守学校作息制度的错误。

徐特立生活简朴、办校也力循勤俭方针。他常以晋代陶侃收藏竹头、木屑的故事教育学生爱惜公物。教师授课时用过的粉笔头,他常常捡来放在衣袋中,遇到他代课和写黑板诗时,就拿出来用。他在学校的近两年里,几乎没有用过新粉笔。有的学生笑他吝啬,他在黑板上写诗作答:

> 半截粉笔犹爱惜,公家物件总宜珍。
> 诸生不解余衷曲,反谓余为算细人。

后来,学生练习板书时,也自觉地像徐老那样,捡粉笔头用。

当时女子师范创办不久,社会上有一种论调,说女子智力低下,不如男子。因此,有个别学生经不起外界压力,中途辍学。但徐特立发现十二、十三两个班的学习成绩较好,尤其是数学成绩尤为突出。他抓住这个典型写了一首诗加以勉励:

女儿智力何曾弱，十二三班作例观。

学算刚刚三载半，几何三角一齐完。

徐特立在长沙女子师范任职不到两年，总共写下百余首黑板诗，集名为《校中百咏》。如：

人人共道伯箴强，一跃先登上女墙。

倘使女儿皆若辈，立将衰弱转强梁。

这首诗，就是他有一次带领学生踏青郊外，见女学生丘伯箴奋勇跃上城墙，大有男子气概，写下的赞美之词，借以鼓励其他女学生注意锻炼身体。当他得知学生因饭菜不合口味，赌气打烂了厨房的一篮碗后，婉转地用诗提出批评：

我愿诸生青出蓝，人财物力莫摧残。

昨宵到底缘何事，打破厨房碗一篮。

他还亲自下到厨房，为改善学生伙食而出谋献策。

徐老常喜到玉泉街上的旧书店用极少的钱买回一些有用的书。

一天，他在旧书店发现一本化学教科书的封面上盖有学校的图章，猜想这是有人从学校中偷出来寄卖的。于是他把该书买回，在校内展出，并写下这样的诗：

社会稀糟人痛恨，学生今日又何如？

玉泉街上曾经过，买得偷来化学书。

以此来告诫学生要做一个正直的人。

第十章　教化：金秋硕果满园香

要重视家庭教育

【原文】

赤子者，大人之胚胎；秀才者，宰相之基础。此时若火力不到，陶铸不纯，他日涉世立朝，终难成个令器。

——《菜根谭》

【译文】

刚出生的小孩，是成人的生命开端；考中秀才是以后当宰相的基础。假如在这个时候不努力用功，磨炼得不够，那就会像烧制陶器时由于火力不够而烧制不成上等陶器一样，将来有一天走向社会，始终难以成为一个优秀的人才。

书香传世

家庭教育问题自古以来就受到人们的关注，但被作为一门学科进行研究，在我国也就是近年来的事情。这是时代的发展，人才的需求，国民整体素质提高所必须涉及的问题。在这里与家长们探讨家庭教育的重要性，目的是要家庭与社会、教育部门共同担负起教育下一代的任务。教育是一项系统工程，包含着家庭教育、社会教育、集体（"托幼园所"、学校）教育，三者相互关联且有机地结合在一起，相互影响、相互作用、相互制约，这项教育工程离开哪一项都不可能，但其中家庭教育是一切教育的基础。

中国古代时就很重视幼儿教育，有条件的家庭还会为孩子请启蒙教师。社会发展到今天，教育的重要意义已经不言而喻。如今世界各国都非常重视教育。孩子是祖国的未来，未来的竞争是科技的竞争，是教育的竞争。日后想有所成就，就需要付出努力。古今中外很多有所成就的人，都是付出了十分的努力。

家教和历练造就李嘉诚

李嘉诚作为全球华人之中最成功和最有影响力的商人，一直为世界上众多的年轻人所崇拜。李嘉诚的成功和他父亲的教育有着极为密切的关系。

1928 年，李嘉诚出生于广东潮州，父亲李云经是小学校长。家族世代书香，幼承家训，使李嘉诚自小即养成坚毅向上之志。七八岁时，他便知道立志刻苦读书，学成以报效国家，光耀门庭。不幸的是，1939 年 6 月，日本帝国主义的铁蹄开始踏上这片宁静的土地，日本的飞机整日整夜地对潮州地区狂轰滥炸，宁静美丽的潮州城不久便成了一片废墟。战争是无情的，很多人因此家破人亡、妻离子散，李嘉诚的家也没能幸免，但幸运的是全家人都还活着。因战火不断，潮州是住不下去了，不得已，年仅十一岁的李嘉诚只能和家人一起，冒着随时可能被杀的危险，历尽千辛万苦，辗转到香港，之后全家人寄居在舅父庄静庵的家里。

祸不单行，刚到香港三年，李嘉诚的父亲李云经就因劳累过度不幸染上肺病，且一病不起。身为长子的李嘉诚就一边照顾父亲，一边拼命地温习功课。他知道父亲是累病的，因此他希望通过自己的努力学习取得好成绩，让生病的父亲能获得一份精神上的慰藉。

作为一名小学校长，李云经既会教育孩子，也懂得怎样爱孩子。李嘉诚至今还记得，自己每次去医院给父亲送饭，父亲不是抱怨太多、太好，就是将饭盒中仅有的一点青菜塞到李嘉诚的嘴里，这让李嘉诚体会到了父爱的伟大，也使得他学会了爱父亲，爱别人。

为了给父亲治病，李嘉诚一家的生活过得相当清贫，通常是一天两顿稀粥，再加上母亲去集贸市场收集的菜叶子做的菜，便是一天的伙食。这个时候，让全家的生活好起来的唯一希望都寄托在李嘉诚的父亲身上，希望他能尽快把病养好，让全家能渡过这一难关。但不幸的是，他的父亲没能熬过那

第十章 教化：金秋硕果满园香

年冬天。临终前，父亲把李嘉诚叫到床前，用瘦骨嶙峋的双手抚摸着他，哽咽地说："阿诚，这个家全靠你了，你可要把它维持下去啊！"李嘉诚已经哭得说不出话来，他只有紧握着父亲的双手，拼命地点头。

作为家里的长子，十分懂事的李嘉诚从此不得不眼含热泪，无奈地结束学业出来打工，以维持一家人的生活。而这时候的李嘉诚仅仅十四岁，就已经用他还很稚嫩的肩膀，毅然挑起赡养慈母、抚育弟妹的重担。

虽然家境贫寒、生活困难，但这一切并没有让李嘉诚消沉，而是激起了他创建一番事业的雄心壮志。他心想："虽然我现在贫穷，但我将来一定要富有，我要用自己的双手去建立属于自己的事业。"

李嘉诚先在舅父庄静庵的中南钟表公司当泡茶扫地的小学徒。到这里之后，李嘉诚学到的第一个经验就是勤奋做事。他每天总是第一个到达公司，最后一个离开公司，但他并不是一个沉闷地做事情的孩子，相反，他不但勤快，还十分机灵。他仔细地观察每位客人的言谈举止，注意他们的讲话内容，并从中了解社会信息和学习社会经验。

他知道自己所学有限，知识和经验都很少，于是他不但在工作中勤奋学习，还酷爱读书。每天白天工作结束之后，晚上他还要买些旧书来自学，学完的旧书再拿到旧书店去卖，再用卖掉的钱买新的旧书。这样既学到了知识，又节省了很多钱。

就这样，他在舅父的公司里勤劳辛苦地工作了三年，这时的他已经长成一个结实而英气十足的小伙子了，并且已初步具备了在这个社会上生存和自立的能力。靠着自己的努力，十七岁的李嘉诚得以在一家五金和塑胶带制造公司做推销员，开始了香港人称之为"行街仔"的推销生涯。很快，李嘉诚成了全公司的佼佼者。由于出色的推销成绩，李嘉诚十八岁就做了部门经理，十九岁时，他又被提升为这家塑胶带制造公司的总经理。

在他刚刚二十岁时，他就创建了一个属于自己的公司，开始了自己的创业生涯，也走向了属于自己的成功之路。

人生和经商的道路上有成功也有挫折，但对他来说，因小时候所受的教育和苦难，使他具备了很多有助于成功的优秀素质、能力和习惯，因此成功于他已不算什么，挫折也在他面前也失去了作用。一路走来，正是他从小培养的好品格帮他经历了许许多多的大风大浪，让他登上了一个又一个成功的巅峰，谱写了让人们经常谈论的无数个神话。

李嘉诚总结自己的人生经历，在许多场合发表的有关经商做人的言论，常常令人茅塞顿开、如梦方醒。他曾这样向世人讲述自己成功的秘密：人是世界的主人，也是财富的主人。依靠高人一筹的生意手腕、精明的用人方法，精通业务等固然可以在商界出人头地，取得傲人的业绩；但是要成就伟大的事业，成为被世人广泛承认、崇拜以致景仰的人物，还需要杰出的素质能力、优秀的思想品质及丰富的人格魅力。但这些东西从哪里来呢？一定要从小培养。怎样才能得以提升呢？要靠教育，靠勤奋，靠刻苦。因此可以说，正是贫困的童年和少年时代，正是父母亲的教育，使李嘉诚树立了创建事业的志向，培养了他超过常人的素质，为他日后的成功打下了坚实的基础，并最终为他创造了无数的财富，成就了他的事业。

让子女成为有知识的人

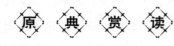

【原文】

有田不耕仓廪虚，有书不读子孙愚。仓廪虚兮岁月乏，子孙愚兮礼义疏。同君一席话，胜读十年书。人不通古今，马牛而襟裾。

——《增广贤文》

【译文】

有田地不耕种，粮仓必定空虚，有书籍而不阅读，子孙必定愚蠢。粮仓空虚生活就无法保障，子孙愚蠢就会不晓礼义。与您畅谈一次，收获胜过读上十年书。一个人不能博古通今，就像牛马穿着衣服。

第十章 教化：金秋硕果满园香

书香传世

知识就是财富，这种财富不一定以物质或金钱的形式表现出来，却比任何物质、金钱都要宝贵。古人将读书看成是摆脱愚昧、明白事理的一种途径。所谓"知书识礼"，便是从读书开始的。不学无术的人，是人们永远鄙夷的对象——没有良好的教育，愚昧无知，就同穿着衣服的动物没什么两样。人需要有内涵的支撑才能屹立不倒，一个空壳子如何经受得起生活的磨砺？为人父母者，能为后代留下的最宝贵的财富不是金钱，而是文化。因为黄金有价，知识无价。

当今社会，虽然读书的初衷和目的与古人有所不同，但同样是为了充实自我、适应时代的发展，成为一个对社会有用的人。努力让子女成为一个有知识、有素质的人才是家长共同的心愿。

家风故事

蒋士铨的家教故事

蒋士铨是清代诗人、戏曲家。蒋士铨出生时，家境清寒，但父母知书识礼，使他从小就能受到良好的家庭教育。在蒋士铨四岁的时候，母亲就教他读"四书"，因年幼不会拿笔，母亲便把竹枝削成条，然后折断，做成书中的撇、捺、点、横、竖等笔画，用来组合成字。抱着孩子在膝盖上识字。蒋士铨六岁的时候母亲教他练习拿笔写字。九岁的时候，母亲教蒋士铨习《礼记》《诗经》《周易》，让他和别人家的孩子一起背诵。

蒋士铨十岁的时候，父亲担心他读书膝下，难免为平常儿，他日为文，亦不免书生态，便将他缚于马背，随他历游燕、赵、秦、魏、齐、梁、吴、楚，让他目睹崤函、雁门的壮丽，历览太行、王屋的胜景，随后安排他就读于泽州凤台秋木山庄之王氏楼中。凤台王氏是富甲一方的大户，楼接百栋，书连十楹，家藏图书非常丰富。蒋士铨在这里可以尽阅所藏，打下深厚的文学根底。蒋士铨十五岁的时候，就修习完成了《诗》《书》《易》《三礼》《三传》等九经，同时开始学习作诗。

1744 年 9 月，蒋坚举家南下，为蒋士铨聘南昌张氏女，第二年冬天，他们结了婚。婚后，蒋士铨随父归铅山老家，就读于永平北门张氏塾中。这年，正值殿撰金德瑛督学江西。来铅山后，他读到蒋士铨诗卷，深以为奇，对他的试卷给了这样的评语："喧啾百鸟群，见此孤凤凰，将来未可量也。"并提拔他为弟子员。

此后，蒋士铨便从学于金德瑛，"船窗署斋，一灯侍侧，凡修己待人之道，诗古文词所以及于古，孜孜诲迪，未尝少倦"，一年中他随金德瑛游历了抚州、建昌、吉安、赣州、南安、瑞州等地，广结江西名士，学识大长。金德瑛曾作诗赞誉他："蒋生下笔妙天下，万马瘖避骅骝前。……老夫搜罗士如鲫，得尔少隽喜成颠。"

因为家境贫穷，蒋母在教儿子学习时，自己纺织，十分辛苦，但毫无怨言。蒋母有时烦闷或身体不好时，只要一听到儿子的琅琅读书声，百病仿佛就已全消。蒋士铨的父母如此努力地培养他，终于把他培养成了一位著名的文学家、戏曲家。

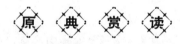

子不教，父之过

原　典　赏　读

【原文】

子不教，父之过。

——《三字经》

【译文】

儿子没有教养，是父亲的责任。

书 香 传 世

父亲有责任从小给儿子授以做人的道理，帮他养成良好的性格，教他学会生存的本领，让他能身心健康地长大，顺利地融入社会，接着走好他自己的路。

父教子，重在行。做父亲的如果好逸恶劳，不求进取，不孝敬父母，不遵纪守法，很难让儿子不跟着你的影子走，不照着你的样子学。因此，为人父不容易，要严格要求自己，处处做好表率。

"子不教，父之过"，是世俗对父亲的要求，言简意赅地表明了父亲"负有教育子女"的责任。但子女并不能以此来推诿自己的过错。俗话说"父母难保百年春"，子女终究要走向社会，经历风雨，路还得自己走。

严父慈母是中国的教育传统，母亲是哺育子女，父亲要管教子女。教育好自己的孩子很困难，这是当下家长最爱说的一句话。有的家长缺乏教育经验，子女出现问题时只知责怪孩子，却很少想到是自己本身施教的态度或者教育方法失当造成的。家庭是子女学习知识的第一环境，作为父母一定要引导孩子学习不同的知识，培养他们善学、好学、勤学的品质。

家 风 故 事

徐悲鸿使女儿轻松爱上学习

徐悲鸿是中国现代美术事业的奠基者，杰出的画家和美术教育家。徐悲鸿的作品熔古今中外技法于一炉，显示了极高的艺术技巧和广博的艺术修养，是古为今用、洋为中用的典范，在我国美术史上起到了承前启后、继往开来的巨大作用。

徐悲鸿的代表作油画《田横五百士》《九方皋》《愚公移山》等巨幅作品，充满了爱国主义情怀和对劳动人民的同情，表现了人民群众坚韧不拔的毅力和威武不屈的精神，表达了对民族危亡的忧愤和对光明解放的向往。尤其他的奔马，更是驰誉世界，几乎成了现代中国画的象征和标志。

徐悲鸿的父亲徐达章是一名民间画师，在当地小有名气。耕作之余，在镇上裱字卖画补贴家用。由于家里挂满了父亲的字画，幼小的徐悲鸿耳濡目染对书画产生了浓厚的兴趣。可当他要求学画时，却被父亲拒绝了。两年后，九岁的他才如愿以偿开始从父习画。父亲命他每日午后摹吴友如的石印界画人物一幅，并学习设色。自此，徐悲鸿与书画结下了不解之缘，并将自己的一生毫无保留地交给了绘画。

与当年父亲对自己的教导一样,身为人父的徐悲鸿也十分注重对孩子的教导。他有个女儿叫徐丽丽,徐丽丽三岁时,徐悲鸿便教她背唐诗,四岁时便教她学法文。

1934年夏天,徐悲鸿从欧洲举办个人画展归来后十分忙碌,家中也因此不能按时吃饭。遇到这种时候,徐丽丽盼父亲回来的心情是可想而知的。

一天,徐悲鸿刚踏进家门,女儿就高兴地扑到父亲怀里说:"饭菜都凉了,我肚子饿得咕咕直叫呢。"

徐悲鸿亲了亲女儿的脸蛋说:"饿得直叫也不能忘了老规矩呀!"

女儿说:"没忘,法文字母我都会背啦!"

父女俩走进屋里。墙上贴着法文字母表,徐丽丽用悦耳动听的声调熟练地背了一遍,然后把头一歪,得意地说:"父亲,我可以吃饭了吗?"

徐悲鸿摇着头,微笑着对女儿说:"今天还得增加一个新节目。"

"增加什么新节目呀?可我的肚子直叫呢!"

徐悲鸿说:"你能把字母默写下来吗?若是一个字母写得不对,我可要刮你的小鼻子哟!"

女儿自信地点点头。徐悲鸿说一个字母,女儿写一个字母,他刚念完,女儿就写完了。徐悲鸿满意地给她打了一百分。

徐悲鸿又说:"你别高兴得太早了,今天要背诵李贺的《雁门太守行》。"

女儿站好姿势,一字不漏地背了出来,徐悲鸿笑了,于是一家人在愉快的气氛中享受着丰盛的晚餐。徐悲鸿和女儿的关系能如此好,和他的日常教育是分不开的。让孩子在轻松的环境中喜欢并爱上学习,正是今天的父母要学习的地方。

第十章

教化:金秋硕果满园香

圣人施教，各因其材

【原文】

圣人施教，各因其材。小以成小，大以成大，无弃人也。

——《孟子集注》

【译文】

圣人施行教育，必须依据各人的情况有针对性地进行，能力差的就培养成低一级的人才，能力强的就培养成高一级的人才，所以说不会有不堪造就而要遗弃的人。

书香传世

"因材施教"是孔子倡导的一条重要教学原则，不过据考证，"因材施教"这个名词也许并不是孔子首创，而是宋代学者朱熹首先提出来的，他在《论语集注》中说："弟子因孔子之言，记此十人，而并目其所长，分为四科。孔子教人，各因其材，于此可见。""因材施教"虽不是孔子的原话，但却是对孔子教学实践的准确概括。

无论是政府的办学宗旨还是教学的施教原则，都要通过教育工作者来实现，对不同的受教者施以不同的教育，这是孔子因材施教教学思想的精髓，也是这一思想得以落实的保障。它既应成为我们实施素质教育的特质，也应该是培养学生才能的有效捷径。因为同样的问题，不同的人，理解会各不相同，即便是同一个人，不同时期对同一个问题的理解也不可能完全相同。每个人的"长""短"不一，如果顺着这个"长"发展下去，其能力就会得到很好的展示，而让他在"短"的方向上取得好成绩，实在有点困难，这倒又应了一句"三百六十行，行行出状元"的俗语。所以教育工作者在施教时要充分考虑到这一因素，切忌千篇一律。

可以肯定地说，因材施教是一种已被证明近乎真理的教学方法，更准确地说是一种近乎完美的教学理念。正因为孔子采取了这一务实做法，才使其弟子群星灿烂，光耀千古，而孔子也由此理所当然地成了教育工作者的祖师爷。因此，对孔子教学思想进行扬弃，既是我们这些后学者的义务，也是历史赋予我们的使命，我们理应勇敢地承担起这个重任，使其在新的历史条件下发扬光大，从而更好地为社会造就出更为杰出的建设者。

家 风 故 事

傅雷因材施教严格教子

我国著名的文艺评论家、翻译家傅雷在文学、绘画、音乐等各个领域都有着极其渊博的知识和深厚的造诣。虽然他著作丰厚，但他一生中最好的作品其实是他的儿子傅聪、傅敏。由他写给儿子们的一封封家信汇集成的《傅雷家书》，洋洋万言，字字爱意涌动，展示出这位严父一腔浓浓的爱子情意。

傅雷对己、对人、对工作、对生活都要求一丝不苟，对待幼小的孩子也十分严格，尽管家境优越，但他绝不溺爱娇纵孩子。他深谙一个人的行为习惯是其品德形成的基础，因此将对孩子良好习惯的养成教育寓于立身行事、待人接物的家庭生活之中。

为让傅聪学钢琴，傅雷亲自教儿子。傅雷还从孔孟、先秦诸子的著作中选教材，给孩子制订功课，并亲自监督，严格执行。在傅聪很小的时候，傅雷就要求他背诵"富贵不能淫、贫贱不能移""宁可天下人负我、毋我负天下人""先天下之忧而忧、后天下之乐而乐"等名句。傅雷在写信给傅聪时说："我多年播的种子，必有一日在你身上开花结果，请记住我指的是一个德艺俱备、人格卓越的艺术家。"

傅聪按照父亲的规定，每天长时间练习弹琴，有时弹得十分困倦，手指酸痛，也不敢放松。

其实，傅雷开始并不想让傅聪学音乐，而是想让他习画，但发现傅聪在三四岁的时候就爱听古典音乐，只要收音机或唱片机上放送西洋乐曲，他都

第十章 教化：金秋硕果满园香

235

安安静静地听着，即使时间很长也不会吵闹或是打瞌睡。

有一次，老师在钢琴上随便按了一个键，傅聪没看按什么键，却能说出是什么音。在音乐上这叫绝对音高，一般人经过多年训练，才能分辨绝对音高。傅聪那么小就能分辨，说明他有很高的音乐天赋。在这种情况下，傅雷才改变主意，让傅聪学钢琴。

十年过去了，傅雷更加肯定了傅聪今后可以专攻音乐的选择："因为他能刻苦用功，在琴上每天练习七八个小时，就是酷暑天气，也从不懈怠，而他对音乐的理解也显示出独到之处。"傅聪十岁生日那天，傅雷给他买了一个特大蛋糕，又请来傅聪的许多小琴友，结果傅聪的生日庆祝会变成了一个少儿钢琴联谊会。傅聪很高兴父亲能这样做。

在父亲的影响下，傅聪从小就熟悉贝多芬、克利斯朵夫等人的音乐作品，培养了对音乐的浓厚兴趣。在钢琴比赛中，欧洲评委们听出傅聪的西洋曲子里隐隐约约地糅合了唐诗的意境，令外国评委倾倒。东西方文化交融成了傅聪成功的秘诀。可见，傅聪是把读书与做人，读书与艺术紧密地联系在了一起。傅聪在异国漂流时，从父亲的书信中吸取了丰富的精神和艺术的养料，从而对人生有了更深切的了解，对艺术有更诚挚的热爱。

傅雷在穿衣、吃饭、站立、行动、说话等生活小事上都对儿子提出了严格的要求，他教导儿子在生活中养成文明高雅的习惯。家中吃饭时，他要求孩子不许随意讲话，咀嚼食物嘴里不许发出声响，舀汤时不许滴洒在餐桌上，饭后要记住把餐凳放入餐桌下；家里的物品用完后，要有规矩地放回去，特别是书，不可以随意乱放；对人客气，尤其是师长或老年人，说话时态度要谦和，手要垂直放在身体旁边，人要站直；与人交流时必须注意讲话的方式、态度、语气、声调等。

正是这样严格的家教，使傅聪从小就身心健康、举止端庄，直至成为世界一流的钢琴演奏家，他的演奏征服了世界各地的观众，被誉为"钢琴诗人"。后来，傅聪在国外结婚有了自己的孩子，傅雷又通过书信教导他如何教育子女，他提醒傅聪："疼孩子固然要紧，养成纪律同样要紧，几个月大的时候不注意，到两三岁时再收紧，大人小孩都要痛苦的。"傅雷以为，无论如何细小不足道的事，都能反映一个人的意识与性情，改变习惯就等于改变自己的意识与性情。傅聪能够取得那样辉煌的成就，与父亲从小对他实行严明、细微、富于原则的家训是分不开的。

　　傅敏比傅聪小三岁，受父亲、母亲和哥哥的影响，傅敏从小也酷爱音乐，并曾立志成为一个小提琴家。但傅雷不让傅敏学音乐，因为学音乐要从小开始，而傅敏上初中才学琴，太晚了——十六岁已经不是学琴的年龄，而是出成绩的年龄了。父亲认为傅敏学识广博、学风踏实，比较适合教书。

　　傅敏刚进入初中，父亲就要求他读《古文观止》。傅雷对傅敏说："这个古文选本，上起东周，下迄明末。其中不少优秀文章反映了我国古代各家散文的不同风貌，如《战国策》记事的严谨简洁，纵横家说理的周到缜密；《庄子》想象的汪洋恣肆……它的说理、言情、写景、状物，均堪称典范。"每个星期天，傅雷都会选择其中一篇详细讲解给傅敏听。等傅敏读懂后便要求他背诵。

　　后来，傅敏果然按照父亲的设计教书三十五年，退休前是北京第七中学英语特级教师。即便如此，傅敏同样实践了父亲"做人第一"的教育理念，他跟哥哥一样，都是父亲教育出来的好孩子。他淡泊名利，安心于做一个普通的中学教师。

　　傅敏说，大哥傅聪之所以成了世界一流的钢琴家，是哥哥按照父亲设计的路线走到这一步的："先做人，后做艺术家，再做音乐家，最后是钢琴家。"

　　傅雷奉行的德艺俱备、人格卓越的品行在傅聪、傅敏身上薪火相传，在教子方面，他真称得上是一位呕心沥血的严父。

第十章

教化：金秋硕果满园香

学而不厌，诲人不倦

【原文】

默而识之，学而不厌，诲人不倦，何有于我哉？

——《论语·述而》

【译文】

默默地记住所学的知识，学习而不满足，教诲别人不知道疲倦，这对我来说有什么困难呢？

书香传世

教师是教育人的人，是"人类灵魂的工程师"，肩负着"传道、授业、解惑"之重任，所以要尽"诲人不倦"之职责。唯其学而不厌才能诲人不倦，才能达到"给学生一碗水，自己要有一桶水"的境界，教起来才会得心应手，收放自如。尤其是新时代的学生，他们思维敏捷、接受信息面广，再加上求知欲很强，使得老师即便有"一桶水"也变得不够用了，而应该有"活水源"。这就要求教师必须像海绵吸水一样不断汲取新知识，以适应时代的需要；否则，知识贫乏，腹中空空，就失去了诲人不倦的前提和资本，只能是些喋喋不休的唠叨和空洞的说教，最终落得个教师"教得很辛苦"，学生却"学得很痛苦"的结局。

学而不厌和诲人不倦是教师应当具备的两种重要品质。"学而不厌"体现着教师内心的开放、自强不息和不断进取，而"诲人不倦"则体现着教师的爱心、耐心和敬业精神。

陶渊明爱生有方

陶渊明，字元亮，号五柳先生，谥号靖节先生，入刘宋后改名潜，东晋浔阳柴桑（今江西省九江市人）。东晋末期南朝宋初期诗人、文学家、辞赋家、散文家。陶渊明曾做过几年小官，后辞官回家，从此隐居。田园生活是陶渊明诗作的主要题材，因此后来文学史上称他为"田园诗人"。相关作品有《饮酒》《归园田居》《桃花源记》《五柳先生传》《归去来兮辞》《桃花源诗》等。陶渊明长于诗文辞赋，诗多描绘自然景色及其在农村生活的情景，其中的优秀作品寄寓着他对官场与世俗社会的厌倦，表露出其洁身自好，不愿屈身逢迎的志趣，但也有"人生无常""乐安天命"等消极思想。其艺术特色兼有平淡于爽朗之胜，语言质朴自然，而又极为精练，具有独特风格。

陶渊明退归田园隐居后，有不少读书少年向他求教。一天，他家里来了位少年，这少年行礼之后非常诚恳地说："小辈非常敬仰先生的学识，有心向先生讨教读书妙法，望先生指教。"

陶渊明一听这话便皱了眉头，他想责备少年幼稚可笑，在做学问时竟想找捷径。转念一想：少年是虚心讨教的，对晚辈应当循循善诱，于是他严肃地说："年轻人，常言说'书山有路勤为径'，你可理解其中的含义？"

少年听了似懂非懂，不很明白。陶渊明拉着他走到一块稻田边，指着一株尺把高的禾苗说："你聚精会神地瞧一瞧，看禾苗是不是在长高？"少年目不转睛地看了半天，眼睛都酸了，那禾苗却仍然和原来一样不见长高。他失望地对陶渊明说："没见长呀！"

陶渊明又把少年带到溪边的大磨石前问道："你看看那块石头，那磨损得像马鞍一样的凹面，它是在哪一天被磨损成这样的呢？"少年想一想，说："不曾见过。"

陶渊明耐心地启发诱导说："要你看禾苗，是想让你知道，虽然眼睛观察不到，但禾苗的确是每时每刻都在生长的。如同我们做学问，知识的增长也来自平时一点一滴的积累，我们自己也没有觉察到。但是只要持之以恒，

第十章 教化：金秋硕果满园香

239

就可以见成效。所以人们说'勤学如春起之苗,不见其增,日有所长'。"

少年点点头,说:"我明白了,这磨损的刀石是年复一年地磨损才成马鞍形的,不是一天之功。先生,我说得对不对?"

陶渊明赞许地点点头,接着说:"从这磨石,我们可以悟出另一个道理,'辍学如磨刀之石,不见其损,日有所亏'。学习一旦中断,所学的知识就会在不知不觉中忘掉。"

少年一下子豁然开朗,叩首拜谢道:"多谢先生,小辈明白,'勤学则进,辍学则退'的道理,从此再不妄想学习妙法了。"

陶渊明高兴地对少年说:"我给你题个字吧。"挥起大笔写道:

> 勤学如春起之苗
>
> 不见其增,日有所长
>
> 辍学如磨刀之石
>
> 不见其损,日有所亏

少年恭恭敬敬地接过字幅,一直把它当作对自己勤学苦练的告诫。

教不严,师之惰

【原文】

教不严,师之惰。

——《三字经》

【译文】

教育学生不严格，是老师的懒惰。

书香传世

"教不严，师之惰"用意十分清楚，就是当家长把子女送到学校后，这些孩子就成了老师的学生，老师对学生不仅要给予关心、爱护、引导，而且要对学生严格要求、严加管教，才能使之成才。如果因为老师的放纵使学生犯了错误，那就是老师的失职。此所谓"不懂而教，是不称职；懂而不教，是失职；教而不严，是渎职"。

教师在教学当中要坚守以下责任：

要充分发挥教师的表率作用。教师的一言一行、一举一动，对学生都有深刻的潜移默化的影响，是其他任何方式都不能代替的。一名优秀的教师，他将影响学生一生的做人、做事和做学问。

教师要爱岗敬业，关心和爱护学生，多接触学生，及时掌握和了解学生的思想情感和心理状态，以学生为本，尊重他们的独立人格、自身价值和思想感情。若学生犯了错误，不要采取强制的手法，要以耐心说服、示范引导的方式，感化他们的心灵。

重视教学方法的改革与创新，在提高教学水平上下功夫、练内功，为学生提供优质的教学服务，用严谨的治学态度和刻苦的钻研精神去潜移默化地影响学生，用高尚的人格去感化和熏陶学生。

要有良好的职业道德，不断加强师德修养。不仅要继承师德中的优良传统，而且要在新的历史条件下，用社会主义核心价值观育人立教，努力做受学生爱戴、让人民满意的教师。

在各门知识课教学中，教师应该充分发掘教材中蕴含的思想教育的内涵，把育人巧妙地贯穿于知识课教学之中，在传授知识的过程中潜移默化地实施思想教育，把知识育人和思想育人紧密结合起来，使教书与育人成为教师义不容辞的职责。

当然，教育是一条漫长的道路，怎样培养出具有独立人格的学生，还需要教师在这条道路上慢慢摸索！

第十章

教化：金秋硕果满园香

家 风 故 事

陶行知严谨办学

陶行知先生在创办南京晓庄师范学校的初期，曾做过一条规定，即全校师生员工一律不准喝酒，违者要进自省室反省。

一次，晓庄的农友请陶校长吃饭，农友们敬他一杯酒，陶行知一再解释自己不能喝，农友们却坚持道："您不喝就是瞧不起我们农民，瞧不起我们就不算我们的朋友。"

陶行知没办法，只好把酒喝了。农友们非常高兴，把陶校长引为自己的朋友。他们哪里知道，陶行知一返回学校，便立即进了自省室。

1941 年，在极端困难和不断遇到迫害的严重情况下，陶行知表现出革命英雄主义精神。由于物价不停暴涨，晓庄师范学校开支发生了极大困难，常有断炊之忧，以至于他发出了"我不得不和米价赛跑"的感慨。国民党政府教育部长陈立夫乘机向他提出，如同意他们派训育主任，即可拨给全部经费，但遭到陶行知的断然拒绝。在经济最困难的时刻，陶行知不得不忍痛宣布，全校节衣缩食，每天改吃两餐。他甚至提出要像武训那样用"行乞兴学"的精神来渡过难关。1944 年 9 月 25 日，陶行知在为画家沈淑羊画的《武训画像》题词时，深情地写道："为了苦孩，甘为骆驼；于人有益，牛马也做。"

陶行知自己节衣缩食，把收到的钱都拿去培养儿童。他常穿着破旧的衣服奔走于富贵大人和太太之门，他从英国回来之时曾买了一件晴雨夹大衣，穿久了，又脏又破，他便把它翻过来穿。一次他去找一位阔大人，通报的人说："先生，对不起，我们老爷向来不接待你这样装束的人，请你回去吧。"陶行知不慌不忙，掏出一张名片来递给他，那人只好恭顺地送进去了。

在晓庄师范学校，陶行知和大家一起穿草鞋、挑粪、种田、种菜、养鱼，他请唐家洼一位出色的庄稼人唐老头教大家耕种的方法，他自己也做了唐老头的学生。他说："三百六十行，行行出状元，行行都有我们的老师。"

那时候，大家都是自己扫地、抹桌、烧饭……所有生活上的事不用听差、伙夫，陶行知也亲自参与其事。

严师钟繇

钟繇（公元 151—230 年），字元常，颍川长社（今河南许昌长葛东）人。三国时期曹魏著名书法家、政治家，官至太傅，魏文帝时与当时的名士华歆、王朗并为三公，有二子：钟毓、钟会。钟繇在书法方面颇有造诣，是楷书（小楷）的创始人，被后世尊为"楷书鼻祖"。钟繇对后世书法影响深远，王羲之等后世书法家都曾经潜心钻研学习钟繇书法。钟繇与晋代书法家王羲之并称为"钟王"。

宋翼早年拜钟繇为师，学习书法，虽然有钟繇这样的名师指点，但宋翼学得并不用心，以为学书法不花力气就可以学好，所以始终没有摸到书法的门道。他写的字平直相似，就像古代用来计数的长短粗细相同的直棍算筹一样。

一天，宋翼正在练字，老师钟繇随手拿起了宋翼的字观看，这一看不要紧，只见宋翼的字呆板滞纳，钟繇气不打一处来，他生气地对宋翼喝道："蠢材，练了这许多日子，字一点都没有长进，你再一味偷懒、不循章法，就不要来见我了！"宋翼被老师骂了个狗血喷头，也不敢分辩，只能低头听着。钟繇以为骂完也就过去了，谁想到这一骂，真的把宋翼给骂跑了，从此下落不明，以至于人们都以为他被老师骂得太厉害，一时气不过、想不开，寻短见去了。钟繇为此终日闷闷不乐，后悔当初斥责弟子太严厉。

时隔三年，突然有个陌生人拿着几幅字来拜访钟繇，说是请钟繇鉴赏一下。钟繇把几幅字一展开，顿觉笔底凝重、基础扎实、意蕴悠远，不觉连连赞赏。看着这几幅字，钟繇感觉哪里有些奇怪，于是又拿过来端详了一番，发现这笔意俨然是自己一宗，但与自己几个徒弟的字又略有不同。难道有人偷学他的字不成？钟繇惊奇地问："这是谁写的？"那人说："这人不敢来面见先生，但他现在就候在门外。"钟繇赶忙出来迎接，走到门外，不禁大吃一惊，原来门外那人就是三年不见、杳无音讯的学生宋翼。宋翼一见尊师，跪下便拜。钟繇连忙将他扶起。原来宋翼被老师责骂后，实在无颜再见老师，便跑到一个偏僻的山村，埋头攻习，发奋学书，终于学有所成，这才特意前来拜见老师。师徒二人回忆往事，不禁涕泪交流，百感交集。严师出高徒，后来宋翼不负众望，成为魏晋年间有名的书法家。

十年树木，百年树人

【原文】

十年之计，莫如树木，终身之计，莫如树人。

——《管子·权修》

【译文】

做十年的打算，最好是种植树木；做终身的打算，最好是培育人才。

书 香 传 世

管子认为，培育人才尽管所需要的时间较长，不像种谷子那样一年就可以收获，种树木那样十年就可以收获，需要百年的时间、经几代人的努力才能够见效，但从长远的利益来看，这样的努力是完全值得的，而且将取得百倍的收获和回报。这种对于人才培育的高度重视，充分体现了中国古代思想家的深谋远虑和高瞻远瞩。

"十年树木，百年树人"，现在已经成为人才培养和人才管理方面的一句格言。

日本"经营之神"松下幸之助说："松下电器公司必须调整方向，把重点转移到培养人才的方面来。出产品是重要，但是为了出产品需要做些什么呢？这就需要人，并且是有正确思想方法的人。这样，为了出重要产品，首先就要在怎样培养人才的问题上动脑筋。我相信这样做了之后，我们的理想火定实现。"从这一论述中，我们不是可以清楚地看到《管子》这一重要思想的现实意义了吗？

家风故事

汤显祖办学

汤显祖（公元1550—1616年），明代戏曲作家。字义仍，号海若，又号若士，晚号茧翁，自署清远道人，临川人（今江西临川）。汤显祖在中国和世界文学史上有着重要的地位。

汤氏祖籍临川县云山乡，后迁居汤家山（今抚州市）。汤显祖从小聪明好学，"童子诸生中，俊气万人一"。汤显祖十四岁便补了县诸生，二十一岁中了举人。以他的才学，在仕途上本可望拾青紫如地芥了。但是，跟随整个明代社会一起堕落的科举制度已经腐败，考试成了上层统治集团营私舞弊的幕后交易，成为确定贵族子弟世袭地位的骗局，而不以才学论人。汤显祖不为当朝丞相拉拢，因而科举总是不中。

三十四岁时，汤显祖以极低的名次中了进士，布满荆棘的仕途从此开始。

明万历二十一年（公元1593年）三月十八日，汤显祖来到遂昌担任县令，稍事安顿，第三天便去拜谒孔庙。这天一早，教谕于可成到县衙来接汤显祖。

汤显祖和大家来到讲堂处，只见傍山缘溪一片空旷地带，眠牛山树木苍翠，南溪水碧波如带，而三间讲堂断壁颓垣，杂草漫路，一片荒凉。

回到县衙，汤显祖的心情久久不能平静。兴国之本，莫过于教育。文教兴，礼乐行，礼乐行而天下平。汤显祖下决心从办学入手，振兴遂昌的教育。经过几天的调查和思考，汤显祖请来学官一起商议办学的事。

首先碰到的就是经费问题。遂昌地处山区，地瘠民贫，赋税微薄，学官们都说："县学破敝，我们几年来多次提议修复，怎奈县里经费无着，不能如愿。万历十六年修建先圣庙，知县王大人主持清查民间欺隐官田易价筹资，历经三年才完成。"

"县中没有学舍为诸生讲诵，这可是当务之急啊！"汤显祖说，"目前县

第十章　教化：金秋硕果满园香

里尚有三千钱的学租，我们就先干起来，烦劳诸位费心。"

说干就干，汤显祖和学官们一起在眠牛山下原讲堂旧址相好地形，着手先建射堂，经费不足，汤显祖把自己的俸禄捐献出来，审案所得的讼金也献出来。有些人出不起讼金，汤显祖便采取让诉讼人出工出力，或出木材的办法。学员们看到汤县令为大家筹建学舍，也都情绪高涨，积极地到工场参加劳动。汤显祖也经常到工场查看并和学员们一起劳动。

六月，射堂建成。只见宽敞的门厅翼角起翘，门内引泉为池，池水清澈，红鲤鱼在荷间游戏，池边杨柳垂腰，一条通道直达射堂。堂前一片空阔地带，可供驰步骑射，在通道两旁，各建学舍十五间，可供六十人住宿读书。学舍前后遍植桃李。至八月，射堂学舍全部竣工，汤显祖为之取名"相圃书院"，大堂名为"象德堂"，并亲自为之题匾。

相圃书院建成，生员们欢欣鼓舞。汤显祖兴学重教的精神进一步启发了生员们勤学上进的学风。生员们每天早起晨练，日夜诵习，学官们也悉心教导。汤显祖经常到书院给生员讲课，和诸生一起习射，真是一派"射堂尊俎合，文圃竹书翻"的喜人景象。县城的百姓看了，都为之羡慕。

看到生员们都安心学习，汤显祖着实为之高兴，但他更想到了长远——书院建成了，要巩固，要发展，还必须要有相应的措施来保障。汤显祖决定从城隍庙和寿光宫租田中划出一百亩，作为相圃书院的租田，安排专人负责收管。所收田租，用于修葺学舍和补贴生员生活之需。汤显祖写了《给相圃租石移文》和《相圃书院置田记》，并刻石立照，以示后人。

详训诂，明句读

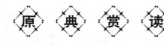

【原文】

凡蒙训，须讲究。详训诂，明句读。

——《三字经》

【译文】

凡是对学生进行启蒙教育的老师，必须把每个字都讲清楚，每句话都要解释明白，并且使学生读书时懂得断句。

书香传世

我国古代的书籍都是不写标点符号的，文章的句与句之间没有间隔，所以古代的教书先生不但要教孩子们认字，还要教孩子们应该在哪里停顿，在哪里断句，并给孩子传授其中的规律。

另外，断句方法的不同，标点符号所处的位置不同，同样的一句话所表现出来的意思可能是完全不一样的，所以标点符号是不能乱用的。

现在的小孩子学习起来非常方便，可以通过学习汉语拼音来学习认字，现在的课文都分好了段落，对于生字生词书上还有解释。可是古时候的人就没有我们这么幸福了，他们所读的书没有段落，没有标点，没有注音，一切都要老师来教，都需要自己按照学习和理解去处理。所以作为学生，我们应该从小珍惜如今所拥有的便利条件，用更加认真的态度对待学习，为以后的学习和工作打下坚实的基础。

第十章

教化：金秋硕果满园香

白字先生

从前有一个教书先生，因为识字不多，总读白字，所以只敢教一个字还没有学过的小孩子，但即使这样，他还是总被东家辞退。

有一次，他又到了一户人家教小孩子读书，东家怕他不用心，于是和他商定，每年给他三石谷子、四千钱的工钱，但是如果教一个白字，就罚一石谷子，如果教一句白字，就罚两千钱。先生听了暗暗叫苦，硬着头皮答应下来。

有一天，他和东家一起在街上走，见到一块石头上刻着"泰山石敢当"几个字，便随口念道："秦川右取当。"东家一听，生气地说："念你是初犯，姑且罚谷一石。"

先生一路垂头丧气地跟在东家后面，恨不得扇自己几记耳光。回到书馆后，他暗暗提醒自己："一定要小心，一定要小心。"

这一天的课是教东家的儿子读《论语》，结果他把"曾子曰"读成了"曹子曰"，又把"卿大夫"读成了"乡大夫"。东家正好听到了，于是说："又是两个白字，再罚两石谷，三石谷全没了。"先生听了，心疼得差点晕过去。

第二天，他又教东家的儿子读书，东家特意来陪读，先生拼命地提醒自己："别读白字，别读白字。"可是，他还是把"季康子"读成了"李麻子"，把"王日叟"读成了"王四嫂"，这回，东家说："这回读了两句白字，全年的四千钱全都扣除。"先生痛惜不已。东家又说："像你这样教孩子读书，纯属误人子弟，你算什么先生啊！你还是走吧！"

先生无奈，只好叹了一口气，作诗一首：

三石租谷苦教徒，先被"秦川右取"乎；一石输在"曹子曰"，一石送与"乡大夫"；四千伙食不为少，可惜四季全扣了；二千赠与"李麻子"，二千给予"王四嫂"。

作完这首诗以后，先生无精打采地收拾了行李，离开了东家。

这个故事的名字叫"白字先生"。故事里的东家说得一点都不错，这样的教书先生只能是误人子弟。

刚刚开始读书识字的小孩子，正是为一生的学习打基础的时候，对每一个字都需要知道它的正确读音和正确意思，一点儿也马虎不得。如果这点基本的条件都不具备，那么就不可能为以后的学习打下坚实的基础，所以说，在这个时候，尤其需要跟随一位认真负责的老师学习。而小孩子自己在学习的过程中，也一定要注意认真听老师讲课，把老师讲课的内容参悟明白，千万不要一知半解，成为像"白字先生"那样的人。

第十章

教化：金秋硕果满园香

参考文献

[1] 王海英. 掌握学习智慧：打造积极学习[M]. 合肥：中国科学技术大学出版社，2014.

[2] 杜克丁. 学习的智慧[M]. 北京：国防工业出版社，2013.

[3] 《语文新课标必读丛书》编委会. 增广贤文[M]. 西安：西安交通大学出版社，2013.

[4] 《经典读库》编委会. 中华家训传世经典著[M]. 南京：江苏美术出版社，2013.

[5] 冯自勇. 朱柏庐先生家训[M]. 天津：天津大学出版社，2013.

[6] 靳丽华. 颜氏家训[M]. 北京：中国华侨出版社，2012.

[7] 张桂英. 弟子规[M]. 北京：西苑出版社，2012.

[8] 刘莎. 中华学习故事[M]. 北京：中华书局，2012.

[9] 朱明勋. 中国古代家训经典导读[M]. 北京：中国书籍出版社，2012.

[10] 颜氏家训[M]. 檀作文，译注. 北京：中华书局，2011.

[11] 增广贤文·弟子规·朱子家训[M]. 论湘子，评注. 长沙：岳麓书社，2011.

[12] 张铁成. 曾国藩家训大全集[M]. 北京：新世界出版社，2011.

[13] 陈才俊. 中国家训精粹[M]. 北京：海潮出版社，2011.

[14] 朱伯荣. 幼学琼林[M]. 杭州：浙江古籍出版社，2011.

[15] 陈才俊. 处世悬镜全集[M]. 北京：海潮出版社，2011.

[16] 姚淦铭. 中庸智慧[M]. 济南：山东人民出版社，2010.

[17] 尚伟，张成，等. 学习使人进步——关于学习的名言与案例[M].

北京：中国人民解放军出版社，2010.

[18] 禹田. 改变你一生的 100 个学习故事[M]. 北京：同心出版社，2009.

[19] 刘英俊，刘光全. 让孩子热爱学习的故事全集[M]. 石家庄：花山文艺出版社，2008.

后 记

一个家庭或家族的家风要正，首先要注重以德立家、以德治家。其次还要书香不绝，坚持走文化兴家、读书树人之路。习近平总书记谈到自己的经历时，曾经多次谈及自己的淳朴家风。从某种意义上说，正是因为家风家教的缺失，一些人走上社会之后容易失去底线，做出一些违背道德、法律的事情，导致家风缺失、世风日下。现在重提"家风"，是有积极现实意义的。这是一种文化的回归，是一种历史智慧的挖掘与重建。

端正家风，弘扬传统教育文化，传承优秀的治家处世之道，正是我们策划本套书的意图所在。

本套书从历代各朝林林总总的家训里，摘取一些能够表现中国文化特点并且对于今天颇有启发意义的格言家训，试做现代解释，与读者共同品味，陶冶性情。

在本套书编写过程中，得到了北京大学文学系的众多老师、教授的大力支持，安徽师范大学文学院多位教授、博士尽心编写，在设计现场给予指导，在此表示衷心的感谢！尤其要特别感谢安徽省濉溪中学的一级教师田勇先生在本套书编写、审校过程中给予的辛苦付出和大力支持！

　　本套书在编写过程中，参考引用了诸多专家、学者的著作和文献资料，谨对这些资料、著作的作者表示衷心的感谢！有些资料因为无法一一联系作者，希望相关作者来电来函洽谈有关资料稿酬事宜，我们将按相关标准给予支付。

　　联系人：姜正成

　　邮　箱：945767063@qq.com